Python

编程从零开始学

（视频教学版）

王英英 编著

清华大学出版社

北京

内 容 简 介

本书用于 Python 3.10 编程快速入门，书中内容注重实战操作，能帮助读者循序渐进地掌握 Python 开发中的各项技术。本书配套示例源代码、PPT 课件、同步教学视频、习题与答案、教学大纲与执行计划表、作者答疑服务以及其他超值教学资源。

本书共分 19 章，内容包括 Python 的基本概念、开发环境安装与配置、Python 的基础语法、数据类型和运算符、程序流程控制、容器类型的数据、字符串的应用、函数、类与对象、异常处理、常用的内置模块、文件读写、图形用户界面、网络通信与网络爬虫、访问数据库、多线程、弹球游戏案例、网络爬虫案例、大数据分析案例、数据挖掘案例。

本书适合 Python 初学者、使用 Python 做开发的各类技术人员，也适合作为高等院校和培训机构计算机软件、大数据、人工智能等专业的教材。

图书在版编目（CIP）数据

Python 编程从零开始学：视频教学版 / 王英英编著. 一北京：清华大学出版社，2023.2（2023.11重印）
ISBN 978-7-302-62753-1

I. ①P… II. ①王… III. ①软件工具－程序设计 IV. ①TP311.561

中国国家版本馆 CIP 数据核字（2023）第 031235 号

责任编辑：夏毓彦
封面设计：王 翔
责任校对：闫秀华
责任印制：刘海龙

出版发行：清华大学出版社
    网 址：http://www.tup.com.cn，http://www.wqbook.com
    地 址：北京清华大学学研大厦 A 座   邮 编：100084
    社 总 机：010-83470000   邮 购：010-62786544
    投稿与读者服务：010-62776969，c-service@tup.tsinghua.edu.cn
    质 量 反 馈：010-62772015，zhiliang@tup.tsinghua.edu.cn

印 装 者：三河市铭诚印务有限公司
经 销：全国新华书店
开 本：190mm×260mm   印 张：17.5   字 数：472 千字
版 次：2023 年 3 月第 1 版   印 次：2023 年 11 月第 2 次印刷
定 价：69.00 元

产品编号：087546-02

前　　言

Python 语言广泛应用于 Web 开发、网络爬虫、游戏开发、自动化运维、大数据分析与挖掘、人工智能、云计算等技术领域，各大知名企业均高薪招聘技术能力强的 Python 开发人员。为满足这样的需求，本书以 Python 3.10 为基础，通过实例的操作与分析，引领读者快速学习和掌握 Python 编程。

本书内容

本书共分 19 章。内容包括 Python 基础知识、Python 开发环境、Python 基本语法、基本数据类型和运算符、容器类型的数据、字符串的常用操作、函数、面向对象编程、异常处理和程序调试、常用的内置模块、文件操作、图形用户界面 tkinter、网络编程与网络爬虫、数据库访问、多线程、游戏开发案例、网络爬虫案例、大数据分析案例、数据挖掘案例。

本书特色

内容全面：知识点由浅入深，涵盖 Python 程序语言的基础知识，循序渐进地讲解 Python 程序开发技术。

图文并茂：注重 Python 应用实例的操作，在介绍案例的过程中，每一个操作均有对应的步骤和过程说明。这种图文结合的方式使读者在学习过程中能够直观、清晰地看到操作的过程以及效果，便于读者更快地理解和掌握。

易学易用：颠覆传统"看"书的观念，把本书变成一本能"操作"的图书。

案例丰富：把知识点融汇于系统的案例实训当中，并且结合综合案例进行讲解和拓展，进而使读者知其然，并知其所以然。

提示技巧：本书对读者在学习过程中可能会遇到的疑难问题以"提示"和"技巧"的形式进行说明，以免读者在学习的过程中走弯路。

超值资源：本书赠送示例源代码、PPT 课件、同步教学视频、习题与答案、教学大纲与执行进度表、30 个热门项目源代码、面试资源库和求职资源库。

技术支持：本书以 Python 最佳的学习模式来设置内容结构。遇到问题可观看本书同步教学视频，也可以通过在线技术支持让有经验的程序员为你答疑解惑（作者答疑服务）。本书技术支持信息请查阅下载资源中的相关文件。

示例源代码、PPT 课件、同步教学视频等资源下载

本书配套示例源代码、PPT 课件、同步教学视频、习题与答案、教学大纲与执行计划表以及其他超值教学资源，需要用微信扫描下面的二维码获取。如果发现问题或者有任何建议，可通过邮件与作者联系，电子邮箱为 booksaga@163.com，邮件主题写"Python 编程从零开始学（视频教学版）"。

读者对象

- Python 程序开发初学者。
- 各领域 Python 程序开发人员。
- 高等院校和培训机构的师生。

鸣　谢

本书由王英英主编，参与编写的还有张工厂、刘增杰、胡同夫、刘玉萍、刘玉红。本书的编写虽然倾注了编者的心血，但由于水平有限、时间仓促，书中难免有疏漏之处，欢迎批评指正。如果遇到问题或有好的建议，敬请与我们联系，我们将全力提供帮助。

编　者
2023 年 1 月

目　　录

第1章

进入 Python 的精彩世界

Python 语言是一种开放源代码、免费的跨平台语言，是一种面向对象的解释型计算机程序设计语言。它的语法简洁清晰，具有丰富和强大的库，同时还有高可移植性等优势，越来越受到开发者的青睐。本章重点学习 Python 的环境搭建与运行 Python 程序的方法等知识。

1.1 Python 简介

Python 是一种面向对象的解释型计算机程序设计语言，由荷兰人 Guido van Rossum 于 1989 年发明，于 1991 年发布第一个公开发行版。Python 是纯粹的自由软件，语法简洁清晰，特色之一是强制使用空白符进行语句缩进。Python 具有丰富和强大的库，常被称为"胶水语言"，能够很轻松地把用其他语言制作的各种模块联结在一起。

从 2004 年开始，Python 的使用率呈线性增长，越来越受到编程人员的喜爱和重视。在 2017 年，IEEE Spectrum 发布的 2017 年度编程语言排行榜中，Python 位居第一位。

目前，Python 最常使用的两个版本为 Python 2.x 版本（在 2020 年 4 月更新到 2.7.18）和 Python 3.x 版本（在 2021 年 12 月更新到 3.10.1）。

那么，作为初学者，应该选择哪个版本呢？随着 Python 版本的快速升级，在实际开发的过程中，使用 Python 3.x 的用户已经占了大多数，这是因为 Python 中的很多扩展库慢慢都支持 Python 3.x，扩展库可用来提高开发效率。对于初学者而言，建议选择 Python 3.x 版本，主要原因如下：

（1）Python 3.x 系列版本已经不再与 Python 2.x 系列版本兼容。

（2）Python 3.x 在 Python 2.x 的基础上做了功能升级，在一定程度上进行了拆分和整合，比 Python 2.x 更容易学习和理解，特别是在字符编码方面，Python 3.x 已经解决了中文字符不能正确显示的问题。

注意： 本书使用 Python 3.10 进行讲解。

1.2　Python 语言的优点

本节介绍与 C、C++、Java 等编程语言相比，Python 所具备的优点。

1. 易读性

Python 的语法简洁易读，无论是初学者还是有数年软件开发经验的专家，都可以快速地学会 Python，并且创建出满足实际需求的应用程序。

2. 高支持性

Python 的程序代码是公开的，全世界有无数人在搜索 Python 的漏洞并修改它，并且不断为其新增功能，让 Python 成为更高效的计算机语言。

3. 快速创建程序代码

Python 提供内置的解释器，可以让用户直接在解释器内编写、测试与运行程序代码，而不需要额外的编辑器，也不需要经过编译的步骤。用户不需要完整的程序模块才能测试，只需要在解释器内编写要测试的部分就可以。Python 解释器非常有弹性，允许用户嵌入 C++程序代码作为扩展模块。

4. 可重用性

Python 将大部分的函数以模块（module）和类库（package）来存储。大量的模块以标准 Python 函数库的形式与 Python 解释器一起传输。用户可以先将程序分割成数个模块，再在不同的程序中使用。

5. 高移植性

Python 除了可以在多种操作系统中运行之外，不同种类的操作系统使用的程序接口也是一样的。用户可以在 Mac OS 上编写 Python 程序代码，在 Linux 上测试，然后加载到 Windows 上运行。当然，这是对大部分 Python 模块而言的，有少部分的 Python 模块是针对特殊的操作系统而设计的。

1.3　搭建 Python 的开发环境

因为 Python 可以运行在常见的 Windows、Linux 等系统的计算机中，所以在安装 Python 之前，首先要根据不同的操作系统和系统的位数下载对应版本的 Python。下面将介绍在 Windows 环境下 Python 的下载和安装方法。

在浏览器地址栏中输入"https://www.python.org/downloads/"并按 Enter 键确认，进入 Python 下载页面，如图 1-1 所示。单击 Download Python 3.10.1 按钮，在弹出的对话框中单击"保存"按钮，把安装文件保存到指定的位置。

图 1-1　Python 下载页面

下载完毕后，即可安装 Python 3.10.1，具体操作步骤如下：

步骤 01 运行 Python 3.10.1.exe，弹出安装窗口。选中 Add Python 3.10 to PATH 复选框。Python 提供了两种安装方式，即 Install Now（立即安装）和 Customize installation（自定义安装），这里选择 Install Now 选项，如图 1-2 所示。

注意：需要选中 Add Python 3.10 to PATH 复选框，这样即可将 Python 添加到环境变量中，后面才能直接在 Windows 的命令提示符下运行 Python 3.10 解释器。

步骤 02 Python 开始自动安装，并显示安装的进度，如图 1-3 所示。

图 1-2　Python 3.10.1 安装窗口　　　　　图 1-3　Python 开始自动安装

步骤 03 安装成功后，进入 Setup was successful（安装成功）窗口，单击 Close（关闭）按钮即可完成 Python 的安装，如图 1-4 所示。

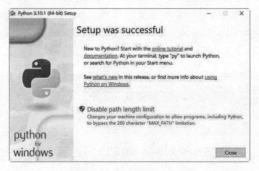

图 1-4　Setup was successful 窗口

1.4 编写和运行 Python 程序

在 Python 开发环境搭建完成后，即可动手编写并运行 Python 程序。编写和运行 Python 程序的主要方式包括交互方式和文件方式。

1.4.1 交互方式

交互方式是指每写一行 Python 代码，就可以通过按 Enter 键来运行代码。如果只是学习 Python 的基本语法和一些简单的程序，可以选择交互方式。

IDLE 是在 Windows 内运行的 Python 3.10 解释器（包括调试功能），读者可以在 IDLE 中一边输入程序，一边运行程序，从而实现交互式命令行操作环境。安装 Python 后，单击"开始"按钮，在弹出的菜单中选择"所有程序"→Python 3.10→IDLE（Python 3.10 64-bit）命令来启动 IDLE，如图 1-5 所示。

启动 IDLE Shell 3.10.1 窗口，用户可以在该窗口中直接输入 Python 命令，并按 Enter 键运行。例如输入"print("人生苦短，我用 Python！")"，运行结果如图 1-6 所示。请读者注意，本书讲解有些简单的代码时，就在这个 IDLE 上直接操作。

图 1-5 选择 IDLE

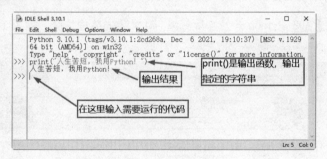

图 1-6 IDLE Shell 3.10.1 窗口

注意：输入代码时，小括号和双引号要在英文半角状态下输入。其中 print() 方法用于输出信息，而且该方法全部为小写字母。这是初学者最容易出错的地方。

另外，还可以使用以下两种方法运行 Python 命令行。

（1）使用 Python 自带命令行运行，该命令行是在 MS-DOS 模式下运行的 Python 3.10 解释器。单击"开始"按钮，在弹出的菜单中选择"所有程序"→Python 3.10→Python 3.10 (64-bit)命令，即启动 Python 3.10.1(64-bit)窗口，输入需要运行的 Python 命令行即可，如图 1-7 所示。

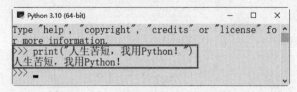

图 1-7 在 Python 3.10(64-bit)窗口中运行 Python 命令行

（2）在 Windows 搜索框中输入"cmd"，单击"命令提示符"菜单，进入"命令提示符"窗口，输入"python"并按 Enter 键确认，即可进入 Python 交互窗口。输入"python"命令后按 Enter
键，然后输入需要运行的 Python 命令行即可，如图 1-8 所示。

图 1-8 在命令提示符中运行 Python 命令行

1.4.2 PyCharm 方式

PyCharm 是目前流行的 Python 集成开发环境（IDE），带有一整套可以帮助用户在使用 Python
语言开发时提高其效率的工具，比如调试、语法高亮、Project 管理、代码跳转、智能提示、自动完
成、单元测试和版本控制算。

PyCharm 官方提供专业版和社区版，其中社区版是免费的，能用来开发纯 Python 应用，本书选
用这个版本，其下载地址为 https://www.jetbrains.com.cn/pycharm/。笔者下载后的文件名为 pycharm-
community-2022.3.exe，双击这个文件进入软件安装过程，该过程比较简单，重要步骤如图 1-9、
图 1-10 所示。

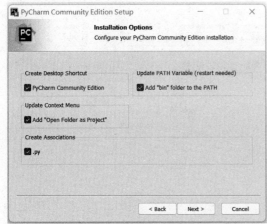

图 1-9 配置环境变量

图 1-10 单击 Finish 按钮完成安装

PyCharm 安装好后，单击桌面上的 PyCharm 图标，打开 PyCharm 编辑器，把本书配套的源码
按新建项目的方式导入。读者如果需要测试自己编写的代码，可以在本书配套源码的项目下生成新
的 Python 文件，并在文件中编写代码并调试运行。有关新建项目、新建 Python 文件的操作比较简
单，读者自行摸索一下即可掌握，这里不再展开讲解。

【例 1.1】第一个程序（源代码\ch01\1.1.py）。

```
print("暮云收尽溢清寒")
```

```
print("银汉无声转玉盘")
print("此生此夜不长好")
print("明月明年何处看")
```

运行结果如图 1-11 所示。

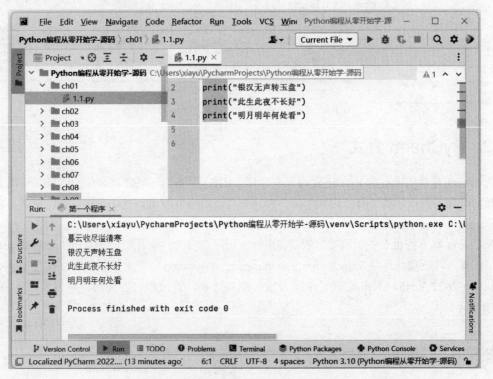

图 1-11　第一个程序代码及运行结果

第2章

Python 的基础语法

要想掌握一门编程语言，首先需要学会其基本的语法和语义规范。Python 的语言特性是简洁明了，当运行一个功能时，Python 通常只使用一种固定的方式。虽然不像其他计算机语言有丰富的语法格式，但是 Python 也可以完成其他计算机语言所能完成的功能，而且更容易。本章主要讲解 Python 的一些基本语法。

2.1　标识符与关键字

标识符用来识别变量、函数、类、模块及对象的名称。Python 的标识符可以包含英文字母（A~Z、a~z）、数字（0~9）及下画线符号（_），但它有以下几个方面的限制：

（1）首字符可以是下画线（_）或字母，但不能是数字，并且变量名称之间不能有空格。

（2）除首字符外的其他字符必须是下画线、字母和数字。

（3）Python 的标识符有大小写之分，如 Data 与 data 是不同的标识符。

（4）由于 Python 3.x 的字符采用了双字节 Unicode 编码，因此中文等亚洲文字也可以作为标识符。

（5）关键字不可以当作标识符。

使用交互方式执行以下命令可以查看 Python 的关键字：

```
import keyword
print(keyword.kwlist)
```

输出 35 个关键字，结果如下：

```
['False', 'None', 'True', 'and', 'as', 'assert', 'async', 'await', 'break',
'class', 'continue', 'def', 'del', 'elif', 'else', 'except', 'finally', 'for', 'from',
'global', 'if', 'import', 'in', 'is', 'lambda', 'nonlocal', 'not', 'or', 'pass',
```

```
'raise', 'return', 'try', 'while', 'with', 'yield']
```

（6）不要使用 Python 的内置函数名作为自己的标识符。

例如查看以下标识符哪些是合法的：

```
名称      _price      pass      name@      8goods
Price$    _price#     goods6    _news      Uers_name
```

这里只有名称_price、goods6、_news 和 Uers_name 是合法的，@、$和#不能构成标识符，关键字 pass 也不能作为标识符。

2.2 变　量

在 Python 解释器内可以直接声明变量的名称，不必声明变量的类型。为一个变量赋值的同时就声明了该变量，该变量的数据类型就是赋值数据所属的类型。该变量还可以接收其他类型的数据。

例如使用交互方式执行以下代码，运行结果如图 2-1 所示。

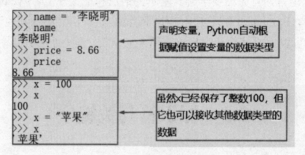

图 2-1　声明变量并赋值

注意：虽然 Python 这种变量声明方式非常灵活，但也会给开发带来一些麻烦。例如图 2-1 代码中本来想把字符串"苹果"赋值给 y，却不小心赋值给了 x。由于 Python 默认所有变量都可以接收不同类型的数据，因此也不容易发现这个错误。

Python 允许用户同时为多个变量赋值。例如使用交互方式执行以下代码，运行结果如图 2-2 所示。

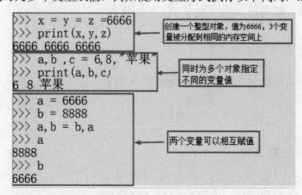

图 2-2　同时为多个变量赋值

如果创建变量时没有赋值，会提示错误，例如执行以下代码：

```
u
```

输出结果如下：

```
Traceback (most recent call last):
  File "<pyshell#0>", line 1, in <module>
    u
NameError: name 'u' is not defined
```

2.3　程序结构

学习 Python 开发之前，首先需要了解 Python 的程序结构。

2.3.1　缩进分层

与其他常见的语言不同，Python 的代码块不使用大括号（{}）来控制类、函数及其他逻辑判断。Python 语言的主要特色就是用缩进分层来写模块。

【例 2.1】严格执行缩进（源代码\ch02\2.1.py）。

```
if True:
    print ("牧童骑黄牛")
    print ("歌声振林樾")        #严格执行缩进
else:
    print ("意欲捕鸣蝉")
    print ("忽然闭口立")
```

保存并运行程序，结果如下：

```
牧童骑黄牛
歌声振林樾
```

Python 程序中缩进的空白数量虽然是可变的，但是所有代码块语句必须包含相同的缩进空白数量，这个要严格执行。

【例 2.2】没有严格执行缩进（源代码\ch02\2.2.py）。

```
if True:
    print ("牧童骑黄牛")
print ("歌声振林樾")        #没有严格执行缩进
else:
    print ("意欲捕鸣蝉")
    print ("忽然闭口立")
```

保存并运行程序，结果报错，信息如下：

```
SyntaxError: invalid syntax
```

除了要保证相同的缩进空白数量外，还要保证相同的缩进方式，有的使用 Tab 键缩进，有的使用 2 个或 4 个空格缩进，需要改为相同的缩进方式。

注意：Python 的编程规范指出：缩进最好采用空格的形式，每一层向右缩进 4 个空格。

2.3.2 换行问题

在 Python 语言中，常见的换行问题如下。

1. 换行符

如果是 Linux/UNIX 操作系统，换行字符为 ASCII LF（linefeed）；如果是 DOS/Windows 操作系统，换行字符为 ASCII CR LF（return + linefeed）；如果是 Mac OS 操作系统，换行字符为 ASCII CR（return）。

例如，在 Windows 操作系统中换行，运行命令结果如图 2-3 所示。

```
>>> print ("牧童骑黄牛\n歌声振林樾")
牧童骑黄牛
歌声振林樾
```

图 2-3 在 Windows 操作系统中换行

2. 程序代码超过一行

如果程序代码超过一行，可以在每一行的结尾添加反斜杠（\），继续下一行，这与 C/C++的语法相同。例如：

```
if 1900 < year < 2100 and 1 <=month <=12\
    and 1 <= day <= 31 and 0 <= hour < 24 \
    and 0 <= minute < 60 and 0 <= second < 60:    #多个判断条件
```

注意：每个行末的反斜杠（\）之后不加注释文字。

如果是以小括号（()）、中括号（[]）或大括号（{}）包含起来的语句，不必使用反斜杠（\）就可以直接分成数行。例如：

```
month_names = ['Januari', 'Februari', 'Maart',
               'April',   'Mei',     'Juni',
               'Juli',    'Augustus', 'September',
               'Oktober', 'November', 'December']
```

3. 将数行表达式写成一行

如果要将数行表达式写成一行，只需在每一行的结尾添加上分号（;）即可。例如：

```
x = 100; y = 200; z = 300
```

2.3.3 代码注释

Python 中的注释有单行注释和多行注释。Python 中单行注释以#开头。例如：

```
# 这是一个注释
```

```
print("Hello, World!")
```

多行注释用 3 个单引号（'''）或 3 个双引号（"""）将注释括起来。

（1）3 个单引号：

```
'''
这是多行注释，用 3 个单引号
这是多行注释，用 3 个单引号
这是多行注释，用 3 个单引号
'''
print("这是 Python 语言的注释")
```

（2）3 个双引号：

```
"""
这是多行注释，用 3 个双引号
这是多行注释，用 3 个双引号
这是多行注释，用 3 个双引号
"""
print("这是 Python 语言的注释")
```

2.4　Python 的输入和输出

Python 的内置函数 input() 和 print() 用于输入和输出数据。下面将讲解这两个函数的使用方法。

2.4.1　接收键盘输入

Python 提供的 input() 函数从标准输入读入一行文本，默认的标准输入是键盘。input() 函数的基本语法格式如下：

```
input([prompt])
```

其中，prompt 是可选参数，用来显示用户输入的提示信息字符串。用户输入程序所需要的数据会以字符串的形式返回。

【例 2.3】测试键盘的输入（源代码\ch02\2.3.py）。

```
x= input("请输入最喜欢的水果：")
```

上述代码用于提示用户输入水果的名称，然后将名称以字符串的形式返回并保存在 x 变量中，以后可以随时调用这个变量。

当运行此句代码时，会立即显示提示信息"请输入最喜欢的水果："，之后等待用户输入信息。当用户输入"葡萄"并按 Enter 键时，程序就接收了用户的输入。最后调用 x 变量，就会显示变量所引用的对象——用户输入的水果名称。

测试结果如图 2-4 所示。

```
>>> x= input("请输入最喜欢的水果: ")
请输入最喜欢的水果: 葡萄
>>> x
'葡萄'
```

图 2-4　测试键盘的输入

从结果可以看出，添加提示用户输入信息是比较友好的，这对编程时所需要的友好界面非常有帮助。

注意：用户输入的数据全部以字符串形式返回，如果需要输入数值，就必须进行类型转换。

2.4.2　输出处理结果

print()函数可以输出格式化的数据，与 C/C++的 printf()函数功能和格式相似。print()函数的基本语法格式如下：

```
print(value,…, sep=' ' ,end='\n')        #此处只说明了部分参数
```

上述参数的含义如下：

（1）value 是用户要输出的信息，后面的省略号表示可以有多个要输出的信息。
（2）sep 用于设置多个要输出信息之间的分隔符，其默认的分隔符为一个空格。
（3）end 是一个 print()函数中所有要输出信息之后添加的符号，默认值为换行符。

【例 2.4】测试处理结果的输出（源代码\ch02\2.4.py）。

```
print("牧童骑黄牛","歌声振林樾")             #输出测试的内容
print("牧童骑黄牛","歌声振林樾",sep='*')      #将默认的分隔符修改为'*'
print("牧童骑黄牛","歌声振林樾",end='>')      #将默认的结束符修改为'>'
print("牧童骑黄牛","歌声振林樾")             #再次输出测试的内容
```

保存并运行程序，结果如下所示。这里调用了 4 次 print()函数。其中，第 1 次为默认输出，第 2 次将默认的分隔符修改为"*"，第 3 次将默认的结束符修改为">"，第 4 次再次调用默认的输出。

```
牧童骑黄牛 歌声振林樾
牧童骑黄牛*歌声振林樾
牧童骑黄牛 歌声振林樾>牧童骑黄牛 歌声振林樾
```

从运行结果可以看出，第一行为默认输出方式，数据之间用空格分开，结束后添加了一个换行符；第二行输出的数据项之间以"*"分开；第三行输出结束后添加了一个">"，与第 4 条语句的输出放在了同一行中。

注意：从 Python 3 开始，不再支持 print 输出语句，例如 print "Hello Python"，解释器将会报错。

如果输出的内容既包括字符串，又包含变量值，就需要将变量值格式化处理。例如：

```
>>> x = 100
>>> print ("x = %d" % x)
x = 100
```

这里要将字符串与变量之间以%符号隔开。

如果没有使用%符号将字符串与变量隔开，Python 就会输出字符串的完整内容，而不会输出格式化字符串。例如以下代码：

```
>>> x = 100
>>> print ("x = %d",x)
x = %d 100
```

【例 2.5】实现不换行输出（源代码\ch02\2.5.py）。

```
a="春风又绿江南岸，"
b="明月何时照我还。"
#换行输出
print( a )
print( b )
print('----------')
# 不换行输出
print( a, end=" " )
print( b, end=" " )
print()
```

保存并运行程序，结果如下：

```
春风又绿江南岸，
明月何时照我还。
----------
春风又绿江南岸，　明月何时照我还。
```

在本示例中，通过在变量末尾添加 end=""，可以实现不换行输出的效果。读者从结果可以看出换行和不换行的不同之处。

2.5　认识模块

在 Python 中，一个模块就是一个文件，模块是保存代码的最小单位，在模块中可以声明变量、函数、属性和类等 Python 代码元素。一个模块可以访问另一个模块中的元素，这里需要使用导入语句的帮助，导入语句有以下 3 种形式。

1. import<模块名称>

在使用某个模块之前，必须先使用 import 语句加载这个模块。语法格式如下：

```
import <模块名称>
```

当解释器遇到 import 语句时，会在当前路径下搜索该模块文件。

例如，定义一个文件 a.py 为模块，然后在 b.py 文件中导入。通过这种方式会导入 a 模块的所有代码元素，在访问时需要加前缀 "a."。

a.py 文件的代码如下：

```
x=360
```

b.py 引入 a 模块，代码如下：

```
#导入模块
import a
#现在可以调用 a 模块中包含的元素
print("本次考试分数为：%d 分" % a.x)
```

将 a.py 和 b.py 文件保存在同一目录下。运行 b.py，输出结果如下：

```
本次考试分数为：360 分
```

无论用户执行多少次 import，一个模块只会被导入一次，这样可以防止导入模块被一遍又一遍地执行。

2. from＜模块名＞import＜代码元素＞

通过这种方式导入模块中的指定元素，在访问时不需要加前缀"a."。
c.py 引入 a 模块中的 x 元素，代码如下：

```
#导入模块中的元素
from a import x
#现在可以调用 a 模块中包含的元素 x
print("本次商品的采购量：%d 台" % x)
```

运行 c.py，输出结果如下：

```
本次商品的采购量：360 台
```

3. from＜模块名＞import＜代码元素＞as＜代码元素别名＞

这种方式和第 2 种类似。通过 as 设置代码元素的别名，可以避免两个模块中出现重名的问题。
d.py 引入 a 模块中的 x 元素，代码如下：

```
#导入模块中的元素
from a import x as ax
x=660
# 现在可以调用 a 模块中包含的元素 x
print("洗衣机还剩%d 台" % ax)
```

运行 d.py，输出结果如下：

```
洗衣机还剩 360 台
```

综上所述，在实际的项目开发中，如果想导入所有内容，则使用 import 语句；如果只是导入一个元素，则使用 from import 语句；如果名称有冲突，则使用 from import as 语句。

第3章

基本数据类型和运算符

前面介绍了 Python 中的一些基础语法，其中每个变量都有自己的数据类型，通过运算符把它们连接起来，最后返回一个需要的结果。本章主要讲解 Python 的基本数据类型和运算符等知识。建议读者多编写代码，亲自体验 Python 语言的数据类型和运算符。

3.1 基本数据类型

Python 3 中有两个简单的数据类型，即数字类型和字符串类型。

3.1.1 数字类型

Python 3 支持 int（整数）、float（浮点数）、bool（布尔值）、complex（复数）4 种数字类型。

注意：在 Python 2 中是没有 bool 的，用数字 0 表示 False，用 1 表示 True。在 Python 3 中，把 False 和 True 定义成了关键字，但它们的值还是 0 和 1，可以和数字相加。

1. int

下面是整数的例子：

```
>>> a = 666688
>>> a
666688
```

可以使用十六进制数值来表示整数。十六进制整数的表示法是在数字之前加上 0x，如 0x80120000、0x100010100L。例如：

```
>>> a=0x6EEEFFFF
>>> a
```

```
1861156863
```

2. float

浮点数的表示法可以使用小数点，也可以使用指数的类型。指数符号可以使用字母 e 或 E 来表示，指数可以使用+/-符号，也可以在指数数值前加上数字 0，还可以在整数前加上数字 0。例如：

```
6.66    12.     .007    1e100    3.14E-10    1e010    08.1
```

使用 float()内置函数可以将整数数据类型转换为浮点数数据类型。例如：

```
>>> float(660)
660.0
```

3. bool

Python 的布尔值包括 True 和 False，只与整数中的 1 和 0 有对应关系。例如：

```
>>> True==1
True
>>> True==2
False
>>> False==0
True
>>> False==-1
False
```

这里利用符号（==）判断左右两边是否绝对相等。

4. complex

复数的表示法是使用双精度浮点数来表示实数与虚数的部分，复数的符号可以使用字母 j 或 J。例如：

```
1.5 + 0.5j    1J    2 + 1e100j    3.14e-10j
```

数值之间可以通过运算符进行运算操作。例如：

```
>>> 50 + 40     # 加法
90
>>> 50 - 40     # 减法
10
>>> 30 * 15     # 乘法
450
>>> 1/2         # 除法，得到一个浮点数
0.5
>>> 1//2        # 除法，得到一个整数
0
>>> 15 % 2      # 取余
1
>>> 2 ** 10     # 乘方
1024
```

在进行数字运算时，需要注意以下问题：

（1）数值的除法（/）总是返回一个浮点数，要获取整数使用//操作符。

（2）在整数和浮点数混合计算时，Python 会把整数转换为浮点数。

【例 3.1】计算商品的总价格和平均价格（源代码\ch03\3.1.py）。

```
name="家用电器"                                      #保存商品类别的姓名
print ("商品的类别是："+name)
m1= 3866                                             #保存家用电器洗衣机的价格
#使用内置的 str()函数可以将数值转化为字符串
print("家用电器洗衣机的价格是："+str(m1))
m2 = 4866                                            #保存家用电器电冰箱的价格
print("家用电器电冰箱的价格是："+ str(m2))
m3 = 8668                                            #保存家用电器空调的价格
print("家用电器空调的价格是："+ str(m3))
sum= m1+m2+m3                                        #保存家用电器的总价格
print("家用电器的总价格是："+str(sum))
avg= sum/3                                           #保存家用电器的平均价格
print("家用电器的平均价格是："+str(avg))
```

程序运行结果如图 3-1 所示。

```
==RESTART: D:\codehome\python\ch03\3.1.py ==
商品的类别是：家用电器
家用电器洗衣机的价格是：3866
家用电器电冰箱的价格是：4866
家用电器空调的价格是：8668
家用电器的总价格是：17400
家用电器的平均价格是：5800.0
```

图 3-1　程序运行结果

3.1.2　字符串类型

Python 将字符串视为一连串的字符组合。在 Python 中，字符串属于不可变序列，通常使用单引号、双引号或者三引号引起来。这 3 种引号形式在语义上没有区别，只是在形式上有些差别。其中单引号和双引号的字符序列必须在一行上，而三引号内的字符序列可以分布在连续的多行上。例如：

```
>>> a="张小明"          #使用双引号时，字符串的内容必须在一行
>>> b='最喜欢的水果'     #使用单引号时，字符串的内容必须在一行
>>> c='''骤雨东风对远湾，滂然遥接石龙关。 野渡苍松横古木，断桥流水动连环。
客行此去遵何路，坐眺长亭意转闲。'''
>>> print (a)
张小明
>>> print (b)
最喜欢的水果
>>> print (c)
骤雨东风对远湾，滂然遥接石龙关。 野渡苍松横古木，断桥流水动连环。
客行此去遵何路，坐眺长亭意转闲。
```

【例 3.2】输出一个我的小屋（源代码\ch03\3.2.py）。

由于该字符画有多行，因此使用三引号作为定界符。

```
print('''
        *********
      *           *
     *             *
    *               *
   *                 *
  *                   *
 *********************
   *               *
   *      *****      *
   *      *   *      *
   *      *****      *
   *               *
   *               *
    ***************
 ''')
```

程序运行结果如图 3-2 所示。

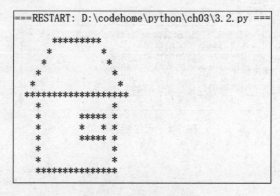

图 3-2　程序运行结果

注意：字符串开头与结尾的引号要一致。

3.1.3　数据类型的相互转换

有时候，用户需要对数据内置的类型进行转换。数据类型的转换只需要将数据类型作为函数名即可。以下几个内置的函数可以执行数据类型之间的转换，这些函数返回一个新的对象，表示转换的值。

1. 转换为整数类型

语法格式如下：

```
int(x)
```

将 x 转换为一个整数，例如：

```
>>>int(3.6)
3
```

注意：int()函数不能转换非数字类型的数值。例如使用 int()函数转化字符串时，将会提示 ValueError 错误：

```
>>> int("苹果")
Traceback (most recent call last):
  File "<pyshell#2>", line 1, in <module>
    int("苹果")
ValueError: invalid literal for int() with base 10: '苹果'
```

2. 转换为小数类型

语法格式如下：

```
float(x)
```

将 x 转换为一个浮点数。例如：

```
>>> float (10)
10.0
```

3. 转换为字符串类型

语法格式如下：

```
str(x)
```

将 x 转换为一个字符串。例如：

```
>>>str(12356789)
'12356789'
```

【例 3.3】模拟超市的抹零结账行为（源代码\ch03\3.3.py）。

假设超市为顾客提供结账便利，进行抹零操作。这里使用 int()函数将浮点型的变量转化为整数，从而实现抹零效果。本案例还会用到 str()函数，主要作用是将数字转化为字符串类型。代码如下：

```
price=8.66                          #保存顾客需要结算的商品单价
moneys=price*20                     #计算商品的总价格
print("商品的总价是: "+ str(moneys))
real_moneys=int(moneys)             #进行抹零操作
print("本次实付商品的总价是: "+ str(real_moneys))
```

程序运行结果如图 3-3 所示。

```
===RESTART: D:\codehome\python\ch03\3.3.py ===
商品的总价是：173.2
本次实付商品的总价是：173
```

图 3-3　程序运行结果

3.2 运算符和优先级

在 Python 语言中，支持的运算符（operator）包括算术运算符、比较运算符、赋值运算符、逻辑运算符、位运算符、成员运算符和身份运算符。

3.2.1 算术运算符

Python 语言中常见的算术运算符如表 3-1 所示。

表3-1 算术运算符

运 算 符	含 义	举 例
+	加，两个对象相加	1+2=3
−	减，得到负数或一个数减去另一个数	3−2=1
*	乘，两个数相乘或返回一个被重复若干次的字符串	2*3=6
/	除，返回两个数相除的结果，得到浮点数	4/2=2.0
%	取模，返回除法的余数	21%10=1
**	幂，a**b 表示返回 a 的 b 次幂	10**21=10^{21}
//	取整除，返回相除后结果的整数部分	7//3=2

【例 3.4】使用算术运算符（源代码\ch03\3.4.py）。

```
x = 10
y = 12
z = 30
#加法运算
a = x + y
print ("a 的值为：", a)
#减法运算
a =x - y
print ("a 的值为：", a)
#乘法运算
a = x * y
print ("a 的值为：", a)
#除法运算
a = x / y
print ("a 的值为：",a)
#取模运算
a= x % y
print ("a 的值为：", a)
#修改变量 x 、y、z
x = 10
y = 12
z = x**y
print ("z 的值为：", z)
#整除运算
```

```
x=15
y = 3
z = x//y
print ("z 的值为: ", z)
```

保存并运行程序，结果如图 3-4 所示。

```
===RESTART: D:\codehome\python\ch03\3.4.py ===
a的值为:  22
a 的值为:  -2
a 的值为:  120
a 的值为:  0.8333333333333334
a 的值为:  10
z 的值为:  1000000000000
z 的值为:  5
```

图 3-4　程序运行结果

3.2.2　比较运算符

Python 语言支持的比较运算符如表 3-2 所示。

表3-2　比较运算符

运 算 符	含 义	举 例
==	等于，比较对象是否相等	(1==2) 返回 False
!=	不等于，比较两个对象是否不相等	(1!=2) 返回 True
>	大于，x>y 返回 x 是否大于 y	2>3 返回 False
<	小于，x<y 返回 x 是否小于 y	2<3 返回 True
>=	大于或等于，x>=y 返回 x 是否大于或等于 y	3>=1 返回 True
<=	小于或等于，x<=y 返回 x 是否小于或等于 y	3<=1 返回 False

【例 3.5】使用比较运算符（源代码\ch03\3.5.py）。

```
a = 16
b = 4
# 判断变量 a 和 b 是否相等
if ( a == b ):
   print ("a 等于 b")
else:
   print ("a 不等于 b")
# 判断变量 a 和 b 是否不相等
if ( a != b ):
   print ("a 不等于 b")
else:
   print ("a 等于 b")
# 判断变量 a 是否小于 b
if ( a < b ):
   print ("a 小于 b")
else:
   print ("a 大于或等于 b")
# 判断变量 a 是否大于 b
if ( a > b ):
   print ("a 大于 b")
else:
```

```
    print ("a 小于或等于 b")
# 修改变量 a 和 b 的值
a = 15;
b = 32;
# 判断变量 a 是否小于或等于 b
if ( a <= b):
    print ("a 小于或等于 b")
else:
    print ("a 大于  b")
# 判断变量 b 是否大于或等于 a
if ( b >= a):
    print ("b 大于或等于 a")
else:
    print ("b 小于 a")
```

保存并运行程序，结果如图 3-5 所示。

```
=== RESTART: D:\codehome\python\ch03\3.5.py ====
a 不等于 b
a 不等于 b
a 大于或等于 b
a 大于  b
a 小于或等于 b
b 大于或等于 a
```

图 3-5   程序运行结果

3.2.3 赋值运算符

赋值运算符表示将右边变量的值赋给左边变量，常见的赋值运算符的含义如表 3-3 所示。

表3-3   赋值运算符

运 算 符	含 义	举 例
=	简单的赋值运算符	c＝a＋b，将 a＋b 的运算结果赋值给 c
+=	加法赋值运算符	c ＋= a，等效于 c＝c＋a
-=	减法赋值运算符	c －= a，等效于 c＝c－a
*=	乘法赋值运算符	c *= a，等效于 c＝c＊a
/=	除法赋值运算符	c /= a，等效于 c＝c／a
%=	取模赋值运算符	c %= a，等效于 c＝c％a
**=	幂赋值运算符	c **= a，等效于 c＝c＊＊a
//=	取整除赋值运算符	c //= a，等效于 c＝c／／a

【例 3.6】使用赋值运算符（源代码\ch03\3.6.py）。

```
a = 36
b = 69
c = 60
#简单的赋值运算
c = a + b
print ("c 的值为: ", c)
#加法赋值运算
c += a
print ("c 的值为: ", c)
```

```
#乘法赋值运算
c *= a
print ("c 的值为: ", c)
#除法赋值运算
c /= a
print ("c 的值为: ", c)
#取模赋值运算
c = 12
c %= a
print ("c 的值为: ", c)
#幂赋值运算
a=3
c **= a
print ("c 的值为: ", c)
#取整除赋值运算
c //= a
print ("c 的值为: ", c)
```

保存并运行程序，结果如图 3-6 所示。

```
=== RESTART: D:\codehome\python\ch03\3.6.py ===
c 的值为:  105
c 的值为:  141
c 的值为:  5076
c 的值为:  141.0
c 的值为:  12
c 的值为:  1728
c的值为:  576
```

图 3-6　程序运行结果

3.2.4　逻辑运算符

Python 支持的逻辑运算符如表 3-4 所示。

表3-4　逻辑运算符

运 算 符	含　　义	举　例
and	布尔"与"，x and y 表示如果 x 为 False，那么 x and y 返回 False；否则返回 y 的计算值	(3>2 and 4>2)返回 True
or	布尔"或"，x or y 表示如果 x 是 True，就返回 True；否则返回 y 的计算值	(3<2 or 15)返回 15
not	布尔"非"，not x 表示如果 x 为 True，就返回 False；如果 x 为 False，就返回 True	not (3>2 and 4>2) 返回 False

【例 3.7】验证防盗门的用户名称和密码（源代码\ch03\3.7.py）。

```
print ("开始验证用户名和密码")              #输出提示消息
name=input("请输入您的用户名: ")           #使用 input()函数接收输入的信息
password=input("请输入您的密码: ")         #使用 input()函数接收输入的信息
#将输入的信息转化为整数
if(password=="pass1808" and (name=="小明" or number=="小磊")):
    print ("恭喜您，用户名和密码验证成功！")
```

```
else:
    print ("对不起，用户名或密码验证错误！")
```

保存并运行程序，结果如图 3-7 所示。

```
===RESTART: D:\codehome\python\ch03\3.7.py ===
开始验证用户名和密码
请输入您的用户名：小明
请输入您的密码：pass1808
恭喜您，用户名和密码验证成功！
```

图 3-7　程序运行结果

3.2.5　位运算符

在 Python 中，位运算符把数字看作二进制来进行计算。Python 支持的位运算符如表 3-5 所示。

表3-5　位运算符

运 算 符	含 义	举 例
&	按位与，参与运算的两个值，如果两个相应位都为 1，则该位的结果为 1，否则为 0	(12&6)=4，二进制为 0000 0100
|	按位或，只要对应的两个二进位有一个为 1，结果位就为 1	(12|6)=14，二进制为 0000 1110
^	按位异或，当两个对应的二进位相异时，结果为 1，否则为 0	(12^6)=10，二进制为 0000 1010
~	按位取反，对数据的每个二进制位取反，即把 1 变为 0，把 0 变为 1	(~6)=-7，二进制为 1000 0111
<<	左移动，把"<<"左边的运算数的各二进位全部左移若干位，由"<<"右边的数指定移动的位数，高位丢弃，低位补 0	(12<<2)=48，二进制为 0011 0000
>>	右移动，把">>"左边的运算数的各二进位全部右移若干位，">>"右边的数指定移动的位数	(12>>2)=3，二进制为 0000 0011

【例 3.8】使用位运算符（源代码\ch03\3.8.py）。

```
a = 12          # 12 =0000 1100
b = 6           # 6= 0000 0110
c = 0
#按位与运算
c = a & b;       # 4 = 0000 0100
print ("c 的值为：", c)
#按位或运算
c = a | b;       # 14 = 0000 1110
print ("c 的值为：", c)
#按位异或运算
c = a ^ b;       # 10 = 0000 1010
print ("c 的值为：", c)
#按位取反运算
c = ~a;          # -13 = 1000 1101
print ("c 的值为：", c)
#左移动运算
c = a << 2;      # 48 = 0011 0000
```

```
print ("c 的值为: ", c)
#右移动运算
c = a >> 2;        # 3 = 0000 0011
print ("c 的值为: ", c)
```

保存并运行程序，结果如图 3-8 所示。

```
===RESTART: D:\codehome\python\ch03\3.8.py ===
c的值为:   4
c 的值为:   14
c的值为:   10
c 的值为:   -13
c 的值为:   48
c 的值为:   3
```

图 3-8　程序运行结果

3.2.6　成员运算符

Python 还支持成员运算符。成员运算符包括 in 和 not in，x in y 表示若 x 在 y 序列中，则返回 True；x not in y 表示若 x 不在 y 序列中，则返回 True。

【例 3.9】使用成员运算符（源代码\ch03\3.9.py）。

```
a ='洗衣机'
b = '风扇'
goods = ['电视机', '空调', '洗衣机', '冰箱', '电脑' ];
# 使用 in 成员运算符
if ( a in goods ):
    print ("变量 a 在给定的列表 goods 中")
else:
    print ("变量 a 不在给定的列表 goods 中")
# 使用 not in 成员运算符
if ( b not in goods ):
    print ("变量 b 不在给定的列表 goods 中")
else:
    print ("变量 b 在给定的列表 goods 中")
# 修改变量 a 的值
a = '冷风扇'
if ( a in goods ):
    print ("变量 a 在给定的列表 goods 中")
else:
    print ("变量 a 不在给定的列表 goods 中")
```

保存并运行程序，结果如图 3-9 所示。

```
=== RESTART: D:\codehome\python\ch03\3.9.py ===
变量a在给定的列表goods中
变量b不在给定的列表goods中
变量a不在给定的列表goods中
```

图 3-9　程序运行结果

3.2.7　身份运算符

Python 支持的身份运算符为 is 和 not is。其中，is 判断两个标识符是不是引用自一个对象，is not 判断两个标识符是不是引用自不同对象。

【例 3.10】使用身份运算符（源代码\ch03\3.10.py）。

```python
a ='风扇'
b = '冷风扇'
#使用 is 身份运算符
if ( a is b):
    print ("a 和 b 有相同的标识")
else:
    print ("a 和 b 没有相同的标识")
#使用 is not 身份运算符
if ( a is not b ):
    print ("a 和 b 没有相同的标识")
else:
    print ("a 和 b 有相同的标识")
# 修改变量 a 的值
a = '冷风扇'
if ( a is b):
    print ("修改后的 a 和 b 有相同的标识")
else:
    print ("修改后的 a 和 b 仍然没有相同的标识")
```

保存并运行程序，结果如图 3-10 所示。

```
===RESTART: D:\codehome\python\ch03\3.10.py ===
a和b没有相同的标识
a和b没有相同的标识
修改后的a和b有相同的标识
```

图 3-10　程序运行结果

3.2.8　运算符的优先级

Python 运算符的优先级从高到低的顺序如表 3-6 所示。

表3-6　运算符的优先级

运　算　符	运算符的描述
**	指数（最高优先级）
~、+、-	按位翻转
*、/、%、//	乘、除、取模和取整除
+、-	加法和减法
>>、<<	右移、左移运算符
&	按位与
^、|	位运算符

（续表）

运 算 符	运算符的描述
<=、<、>、>=	比较运算符
== 、!=	等于和不等于运算符
=、%=、/=、//=、−=、+=、*=、**=	赋值运算符
is、is not	身份运算符
in、not in	成员运算符
not、and、or	逻辑运算符

使用运算符时注意下面的事项：

（1）除法应用在整数时，其结果会是一个浮点数。例如，8/4 会等于 2.0，而不是 2。余数运算会将 x / y 所得的余数返回来，如 7%4 =3。

（2）如果将两个浮点数相除取余数的话，那么返回值也会是一个浮点数，计算方式是 x − int(x / y) * y。例如：

```
>>>7.0 % 4.0
3.0
```

（3）比较运算符可以连在一起处理，如 a < b < c < d，Python 会将这个式子解释成 a < b and b < c and c < d。像 x < y > z 也是有效的表达式。

（4）如果运算符两端的运算数（operand）的数据类型不同，Python 就会将其中一个运算数的数据类型转换为与另一个运算数一样的数据类型。转换顺序为：若有一个运算数是复数，则另一个运算数也会被转换为复数；若有一个运算数是浮点数，则另一个运算数也会被转换为浮点数。

（5）Python 有一个特殊的运算符——lambda。利用 lambda 运算符能够以表达式的方式创建一个匿名函数。lambda 运算符的语法格式如下：

```
lambda args : expression
```

args 是以逗号（,）隔开的参数列表，而 expression 则是对这些参数进行运算的表达式。例如：

```
>>>a=lambda x,y:x + y
>>>print (a(3,4))
7
```

x 与 y 是 a()函数的参数，a()函数的表达式是 x+y。lambda 运算符后只允许有一个表达式。要达到相同的功能，也可以使用函数来定义 a，如下所示：

```
>>> def a(x,y):      #定义一个函数
 return x + y       #返回参数的和
>>> print (a(3,4))
7
```

【例 3.11】运算符的优先级（源代码\ch03\3.11.py）。

```
a = 50
b = 80
c = 40
d = 20
```

```
e = 0
e = (a + b) * c / d        #(130 *40 ) / 20
print ("(a + b) * c / d 运算结果为: ", e)
e = ((a + b) * c) / d      # (130 *40 ) /20
print ("((a + b) * c) / d 运算结果为: ", e)
e = (a + b) * (c / d);     # (130) * (40/20)
print ("(a + b) * (c / d) 运算结果为: ", e)
e = a + (b * c) / d;       # 50 + (3200/20)
print ("a + (b * c) / d 运算结果为: ", e)
```

保存并运行程序，结果如图 3-11 所示。

```
===RESTART: D:\codehome\python\ch03\3.11.py ===
(a + b) * c / d 运算结果为:   260.0
((a + b) * c) / d 运算结果为:   260.0
(a + b) * (c / d) 运算结果为:   260.0
a + (b * c) / d 运算结果为:   210.0
```

图 3-11　程序运行结果

3.3　赋值表达式

从 Python 3.8 版本开始加入赋值表达式。赋值表达式的运算符为:=,主要作用是赋值并返回值。例如下面的代码：

```
>>> a=1024
>>> print(a)
1024
```

将上述代码修改如下：

```
>>> a=1024
>>> print(a:=1024)
1024
```

赋值表达式不仅在构造上更简单，也可以更清楚地表达代码的意图。

赋值表达式的优势在循环操作中更加明显。下面举例说明。

```
names = list()
name = input("请输入账号: ")
while name != "xiaoming":
    names.append(name)
    name = input("请输入账号: ")
```

上述代码将判断输入的账号是否为 xiaoming，需要不断重复 input 语句，并且将输入的内容添加到 name 列表中。

上述代码比较麻烦，修改思路为：通过一个 while 无限循环，然后用 break 停止循环。修改后的代码如下：

```
names = list()
```

```
while True:
    name = input("请输入账号: ")
    if name == "xiaoming":
        break
    names.append(name)
```

这段代码与前面的代码是等效的，不过，如果使用赋值表达式，还可以进一步简化这段循环，代码如下：

```
names = list()
while (name := input("请输入账号: ")) != "xiaoming":
    names.append(name)
```

上述 3 段代码实现了同样的功能，但是使用赋值表达式最简单。

注意：尽管赋值表达式使用起来可以使代码更简洁，但是代码的可读性会变差一些，所以如果想要可读性更强一些，可以不使用赋值表达式。

第 4 章

程序流程控制

任何一种语言都有程序结构，Python 也一样。常见的程序结构有顺序结构、分支结构和循环结构。Python 编程中对程序流程的控制主要是通过条件判断、循环控制语句及 continue、break 完成的。本章将重点学习 Python 中控制语句的使用方法和技巧。

4.1 程序流程概述

在现实生活中，我们看到的流程是多种多样的，如汽车在道路上行驶，要顺序地沿道路前进，碰到交叉路口时，驾驶员就需要判断是转弯还是直行，在环路上是继续前进还是从一个出口出去等。在编程的世界里遇到这些状况时，可以通过流程控制语句来控制程序的执行流程。

语句是构造程序的基本单位，程序运行的过程就是执行程序语句的过程。程序语句执行的次序称为流程控制（控制流程）。

流程控制的结构有顺序结构、选择结构和循环结构 3 种。例如，生产线上零件的流动过程，应该顺序地从一个工序流向下一个工序，这就是顺序结构。但当检测不合格时，就需要从这道工序中退出，或者继续在这道工序中再加工直到检测通过为止，这就是选择结构和循环结构。

对数据结构的处理流程称为基本处理流程。在 Python 中，基本处理流程包含 3 种结构，即顺序结构、选择结构和循环结构。顺序结构是 Python 脚本程序中基本的结构，它按照语句出现的先后顺序依次执行，如图 4-1 所示。

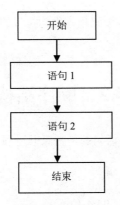

图 4-1　顺序结构

选择结构按照给定的逻辑条件来决定执行顺序，有单向选择、双向选择和多向选择之分，但程序在执行过程中只执行其中一条分支。单向选择和双向选择结构如图 4-2 所示。

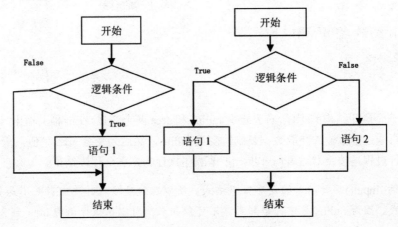

图 4-2　单向选择和双向选择结构

循环结构即根据代码的逻辑条件来判断是否重复执行某一段程序，若逻辑条件为 True，则进入循环重复执行，否则结束循环。循环结构可分为条件循环和计数循环，如图 4-3 所示。

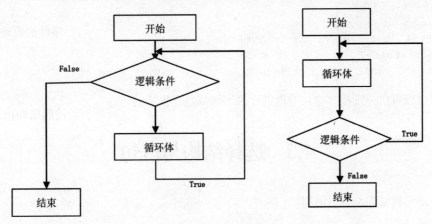

图 4-3　循环结构

一般在 Python 语言中，程序总体是按照顺序结构执行的，而在顺序结构中可以包含选择结构和循环结构。

4.2　顺序结构

顺序结构的程序是指程序中的所有语句都是按照书写顺序逐一执行的，只是顺序结构程序的功能有限。

下面是一个包含顺序结构的程序示例。

【例 4.1】计算圆的面积（源代码\ch04\4.1.py）。

```
radius = float(input("请输入半径: "))        #输入半径
print("")
area = 3.1416* radius* radius
print(area)                                  #输出圆的面积
```

保存并运行程序，输出结果如下：

```
请输入半径: 12

452.3904
```

该程序是一个顺序结构的程序，首先定义 radius 和 area 两个变量，在屏幕上输出"请输入半径:"的提示语句，再通过键盘输入获取数据复制给变量 radius，然后为变量 area 赋值，最后输出 area 的值。程序的执行过程是按照书写语句一步一步地顺序执行的，直至程序结束。

注意：因为 input()函数输入的是字符串格式，所以在键盘输入的浮点数并不是真正的浮点数，而是字符串形式。因为 radius 是字符串形式，不可以相乘，所以在执行语句 area = 3.1416* radius* radius 时会报错。这里使用 float()函数强制将输入的半径转换为浮点数。

如果不使用 float()函数，在进行乘法运算时就会报错。例如：

```
>>> a=input("请输入半径: ")
请输入半径: 5
>>> b=a*a
Traceback (most recent call last):
  File "<stdin>", line 1, in <module>
TypeError: can't multiply sequence by non-int of type 'str'
```

从结果可以看出，直接对输入的值进行乘法运算是会报错的。

4.3　选择结构与语句

本节介绍选择结构及常用语句。

4.3.1　选择结构

选择结构也称为分支结构，用于处理程序中出现两条或更多执行路径可供选择的情况。选择结构可以用分支语句来实现。分支语句主要为 if 语句。

【例 4.2】求取输入的两个整数的差值（源代码\ch04\4.2.py）。

```
a= int(input("请输入第 1 个数: "))
b=int(input("请输入第 2 个数: "))
print("")
if a<=b:
    print("它们的差值: ",b-a)
elif a>b:
    print ("它们的差值: ",a-b)
```

保存并运行程序，输出结果如下：

```
请输入第 1 个数: 100
请输入第 2 个数: 200

它们的差值: 100
```

该程序是一个选择结构的程序，在执行过程中会按照键盘输入值的大小顺序选择不同的语句执行。若 a<=b，则执行 print("它们的差值: ",b-a)；若 a>b，则执行 print ("它们的差值: ",a-b)。

4.3.2　if 语句

条件判断语句就是对语句中不同条件的值进行判断，进而根据不同的条件执行不同的语句。if 语句是使用非常普遍的条件判断语句，每一种编程语言都有一种或多种形式的 if 语句，在编程中它经常被用到。

if 语句的格式如下：

```
if 表达式 1:
  语句 1
elif 表达式 2:
  语句 2
...
else:
  语句 n
```

若表达式 1 为真，则 Python 运行语句 1，反之则向下运行。如果没有条件为真，就运行 else 内的语句。elif 与 else 语句都是可以省略的。可以在语句内使用 pass 语句，表示不运行任何动作。

注意以下问题：

（1）每个条件后面要使用冒号（:），表示接下来是满足条件后要执行的语句块。

（2）使用缩进划分语句块，相同缩进数的语句在一起组成一个语句块。

（3）在 Python 中没有 switch...case 语句。

以下为 if 语句中常用的操作运算符：

（1）<：小于。

（2）<=：小于或等于。

（3）>：大于。

（4）>=：大于或等于。

（5）==：等于，比较对象是否相等。

（6）!=：不等于。

【例 4.3】使用 if 判断语句（源代码\ch04\4.3.py）。

```
sc= int(input("请输入考试分数："))
print("")
if sc <60:
    print("成绩不及格")
elif 60 <= sc <=70:
    print("成绩及格")
elif 70 < sc <=80:
    print("成绩良好")
elif 80 < sc<=100:
    print("成绩优秀 ")
elif 100 < sc:
    print("输入的考试分数有误")
input("按 Enter 键退出")
```

保存并运行程序，输出结果如下：

```
请输入考试分数：85

成绩优秀
按 Enter 键退出
```

从结果可以看出，输入的考试分数为 85，再执行 print("成绩优秀")语句。

4.3.3   if 嵌套

在 if 嵌套语句中，可以把 if...elif...else 结构放在另一个 if...elif...else 结构中，语法格式如下：

```
if 表达式 1：
    语句
    if 表达式 2：
        语句
    elif 表达式 3：
        语句
    else
        语句
elif 表达式 4：
    语句
```

```
else:
    语句
```

【例 4.4】判断输入的数字是否既能整除 2 又能整除 3（源代码\ch04\4.4.py）。

```
num=int(input("输入一个数字: "))
if num%2==0:
    if num%3==0:
        print ("你输入的数字可以整除 2 和 3")
    else:
        print ("你输入的数字可以整除 2，但不能整除 3")
else:
    if num%3==0:
        print ("你输入的数字可以整除 3，但不能整除 2")
    else:
        print ("你输入的数字不能整除 2 和 3")
```

保存并运行程序，输出结果如下：

```
输入一个数字: 12
你输入的数字可以整除 2 和 3
```

从结果可以看出，输入的数字为 12，再执行 print ("你输入的数字可以整除 3，但不能整除 2")
语句。

4.3.4　多重条件判断

在 Python 编程中，经常会遇到多重条件比较的情况。在多重条件比较时，需要用到 and 或 or
运算符。其中，and 运算符用于多个条件同时满足的情况，or 运算符用于只需满足一个条件的情况。

【例 4.5】多重条件判断（源代码\ch04\4.5.py）。

```
a= int(input("请输入三角形的第一条边: "))
b= int(input("请输入三角形的第二条边: "))
c= int(input("请输入三角形的第三条边: "))
print("")
if a ==b and a ==c:
    print("等边三角形")
elif a==b or a==c or b==c:
    print("等腰三角形")
elif a==b or a==c or b==c:
    print("等腰三角形")
elif a*a+b*b==c*c or a*a+c*c==b*b or c*c+b*b==a*a :
    print("直角三角形")
else:
    print("一般三角形")
```

保存并运行程序，输出结果如下：

```
请输入三角形的第一条边: 9
```

```
请输入三角形的第二条边：9
请输入三角形的第三条边：15

等腰三角形
```

4.4 循环控制语句

循环语句主要是在满足条件的情况下反复执行某一个操作。循环控制语句主要包括 while 语句和 for 语句。

4.4.1 while 语句

while 语句是循环语句，也是条件判断语句。
while 语句的语法格式如下：

```
while 判断条件:
    语句
```

注意：这里同样需要注意冒号和缩进。

【例 4.6】使用 while 循环语句计算 1~20 的总和（源代码\ch04\4.6.py）。

```
a = 20
sum = 0
b = 1
while b <= a:
    sum = sum + b
    b += 1
print("1 到 %d 之和为: %d" % (a,sum))
```

保存并运行程序，输出结果如下：

```
1 到 20 之和为: 210
```

注意：如果在这里遗漏代码行 b+=1，程序就会进入无限循环。因为变量 b 的初始值为 1，并且不会发生变化，所以 b<=a 始终为 True，导致 while 循环不会停止。

要避免无限循环的问题，就必须对每个 while 循环进行测试，确保其会按预期的那样结束。如果希望程序在用户输入特定值时结束，那么可运行程序并输入这样的值；如果在这种情况下程序没有结束，那么请检查程序处理这个值的方式，确认程序至少有一个这样的地方能让循环条件变为 False，或者让 break 语句得以执行。

如果条件表达式一直为 True，while 循环就会进入无限循环。无限循环的应用也比较广泛，如在服务器上处理客户端的实时请求时无限循环就非常有用。

【例 4.7】while 无限循环的应用（源代码\ch04\4.7.py）。

```
aa = "商品"
```

```
while aa=="商品" :  # 表达式永远为 True
    name =str (input("请输入需要采购商品的名称:"))
    print ("你输入的商品名称是: ", name)
print ("商品采购完毕!")
```

保存并运行程序，输出结果如下：

```
请输入需要采购商品的名称:洗衣机
你输入的商品名称是:  洗衣机
请输入需要采购商品的名称:电视机
你输入的商品名称是:  电视机
请输入需要采购商品的名称:电脑
你输入的商品名称是:  电脑
请输入需要采购商品的名称:
```

如果用户想退出无限循环，可以按 Ctrl+C 组合键。

当 while 循环体中只有一条语句时，可以将该语句与 while 写在同一行中。例如：

```
aa = "商品"
while aa=="商品" :print ("这里只有一条执行语句")
print ("商品采购完毕!")
```

while 语句可以和 else 配合使用，表示当 while 语句的条件表达为 False 时，执行 else 的语句块。

【例 4.8】while 语句和 else 配合使用（源代码\ch04\4.8.py）。

```
a=1
while a <20:
    print (a, "小于 20")
    a=a+1
else:
    print (a, "大于或等于 20")
```

保存并运行程序，输出结果如下：

```
1 小于 20
2 小于 20
3 小于 20
4 小于 20
5 小于 20
6 小于 20
7 小于 20
8 小于 20
9 小于 20
10 小于 20
11 小于 20
12 小于 20
13 小于 20
14 小于 20
15 小于 20
```

```
16 小于 20
17 小于 20
18 小于 20
19 小于 20
20 大于或等于 20
```

4.4.2 for 语句

for 语句包括条件控制和循环两部分。

for 语句的语法格式如下：

```
for <variable> in <sequence>:
    语句
else:
    语句
```

其中，<variable>是一个变量名称，<sequence>是一个列表。else 语句运行的时机是 for 语句都没有运行，或者最后一个循环已经运行时。else 语句是可以省略的。

下面的示例打印变量 n 所有的值：

```
for n in [100,200,300,400,500]:
    print (n)
```

输出结果如下：

```
100
200
300
400
500
```

若想跳出循环，则可以使用 break 语句，该语句用于跳出当前循环体。

【例 4.9】for 语句和 break 语句的配合使用（源代码\ch04\4.9.py）。

```
fruits = ["苹果", "葡萄","橘子","香蕉","西瓜","芒果"]
for ff in fruits:
    if ff == "西瓜":
        print("水果中包含西瓜!")
        break
    print(ff)
else:
    print("没有发现需要的水果!")
print("水果搜索完毕!")
```

保存并运行程序，输出结果如下：

```
苹果
葡萄
橘子
```

香蕉
水果中包含西瓜！
水果搜索完毕！

从结果可以看出，当搜索到西瓜时，会跳出当前循环，对应的循环 else 块将不执行。

4.4.3　continue 语句和 else 语句

使用 continue 语句时，Python 将跳过当前循环体中的剩余语句，继续进行下一轮循环。

【例 4.10】for 语句和 continue 语句的配合使用（源代码\ch04\4.10.py）。

```
aa = 0
while aa <100:
    aa=aa+10
    if aa==80:          #变量为 80 时跳过输出
        continue
    print (aa, " 小于或等于100")
```

保存并运行程序，输出结果如下：

```
10   小于或等于100
20   小于或等于100
30   小于或等于100
40   小于或等于100
50   小于或等于100
60   小于或等于100
70   小于或等于100
90   小于或等于100
100   小于或等于100
```

从结果可以看出，当变量为 80 时，将跳出当前循环，进入下一个循环。

当 for 循环被执行完毕或 while 循环条件为 False 时，else 语句才会被执行。需要特别注意的是，如果循环被 break 语句终止，那么 else 语句不会被执行。

【例 4.11】for、break 和 else 语句的配合使用（源代码\ch04\4.11.py）。

```
a= "盈盈一水间，脉脉不得语。"
for b in a:                 #包含break语句
    if b== '不':          # 文字为"不"时跳过输出
        print ('当前文字是:', b)
        break
    else:
        print ('没有发现对应的文字')
```

保存并运行程序，输出结果如下：

```
没有发现对应的文字
没有发现对应的文字
没有发现对应的文字
```

没有发现对应的文字
没有发现对应的文字
没有发现对应的文字
没有发现对应的文字
没有发现对应的文字
当前文字是：不

从结果可以看出，当搜索到文字"不"时，将通过 break 语句跳出循环。

4.4.4 pass 语句

pass 是空语句，主要是为了保持程序结构的完整性。pass 不做任何事情，一般用作占位语句。

【例 4.12】for 和 pass 语句配合使用的实例（源代码\ch04\4.12.py）。

```
for a in '江南可采莲，莲叶何田田，鱼戏莲叶间。':
    if a == '鱼':
        pass
        print ('执行 pass 语句')
    print ('当前文字:', a)
print ("搜索完毕!")
```

保存并运行程序，输出结果如下：

```
当前文字：江
当前文字：南
当前文字：可
当前文字：采
当前文字：莲
当前文字：，
当前文字：莲
当前文字：叶
当前文字：何
当前文字：田
当前文字：田
当前文字：，
执行 pass 语句
当前文字：鱼
当前文字：戏
当前文字：莲
当前文字：叶
当前文字：间
当前文字：。
搜索完毕!
```

从结果可以看出，当搜索到文字"鱼"时，先执行 print ('执行 pass 语句')，再执行 print ('当前文字:', a)。

第5章

容器类型的数据

如果需要统一管理多个数据，可以使用容器类型的数据。Python 内置的数据类型包括列表、元组、集合和字典等，可以容纳多项数据。其中，列表与元组属于序数类型，它们是数个有序对象的组合；字典则属于映像类型，是由一个对象集合来作为另一个对象集合的键值索引。本章将讲解集合、列表、元组和字典数据类型的基本操作。

5.1 认识序列

在 Python 中，序列主要包括集合、列表、元组、字典和字符串，对于这些序列有一些通用操作。不过需要注意的是，集合和字典不支持索引、切片、相加和相乘操作。

5.1.1 索引

序列中的每个元素都有一个编号，也称为索引。这个索引从 0 开始递增，也就是下标 0 表示第一个元素，下标 1 表示第 2 个元素，以此类推。

Python 支持索引为负数。负数表示从右往左计数，也就是从最后一个元素开始计数。

例如访问下面列表中的元素。

```
>>>goods = ['洗衣机','冰箱', '空调']
>>>goods[0]        #访问从左边数第 1 个元素
'洗衣机'
>>>goods[1]         #访问从左边数第 2 个元素
'冰箱'
>>>goods[-1]       #访问从右边数第 1 个元素
'空调'
>>>goods[-2]       #访问从右边数第 2 个元素
'冰箱'
```

注意：采用负数作为索引时，是从-1开始的，也就是右边的元素的下标为-1。

5.1.2 切片

访问序列中的元素还有一种方法，那就是切片。它可以访问一定范围内的元素。通过切片操作可以生成一个新的序列。语法格式如下：

```
sname[start : end : step]
```

各个参数的含义如下：

（1）sname 表示序列的名称。
（2）start 表示切片开始的位置（包含该位置），如果不指定，则默认为序列的第一个元素。
（3）end 表示切片结束的位置（不包含该位置），如果不指定，则默认为序列的最后一个元素。
（4）step 表示切片的步长，如果省略，则默认为1。

下面举例说明。

```
>>>goods = ['洗衣机','冰箱', '空调', '电视机', '电风扇', '热水器']
>>>goods [2:5]              #访问从左边数第 3~5 个元素
['空调', '电视机', '电风扇']
>>>goods [0:5:2]           #访问从左边数第 1 个、第 3 个和第 5 个元素
['洗衣机', '空调', '电风扇']
>>>goods [:5]              #访问从左边数第 1~5 个元素
['洗衣机', '冰箱', '空调', '电视机', '电风扇']
>>>goods [3:]             #访问从左边数第 4~6 个元素
['电视机', '电风扇', '热水器']
>>>goods [2:-2]            #使用负值索引，访问从左边数第 3 个和第 4 个元素
['空调', '电视机']
```

5.1.3 序列相加

通过+操作符可以将两个序列相加。
+操作符经常用于字符串和列表元素的组合。例如：

```
>>>a=[111,222]+ [333,444] + [555,666]
>>>a
[111, 222, 333, 444, 555, 666]
>>>b=["洗衣机","冰箱","空调"]
>>>c="今日采购的商品是"+b[1]
>>>print(c)
今日采购的商品是冰箱
```

5.1.4 序列相乘

*运算符经常用于重复列表中的元素。
例如，将列表中的元素重复两次：

```
>>>a=["洗衣机","冰箱","电视机"]*2
>>>a
['洗衣机', '冰箱', '电视机', '洗衣机', '冰箱', '电视机']
```

5.1.5　检查序列中的成员

in 运算符用于判断一个元素是否在序列中。语法格式如下：

```
value in sequence
```

这里的 value 表示要检查的元素，sequence 表示指定的序列。例如：

```
>>>a=["洗衣机","电视机","冰箱"]
>>>b="空调"
>>>print(b in a)
False
>>>c="洗衣机"
>>>print(c in a)
True
```

从结果可以看出，当元素是序列中的成员时，结果返回为 True，否则返回为 False。

注意：如果想要检查某个元素是否不在指定的序列中，可以使用 not in 运算符。

例如下面的代码将返回为 False。

```
"洗衣机" not in ["洗衣机","电视机","冰箱"]
```

5.2　集合类型

本节重点学习集合类型的概念和基本操作。

5.2.1　认识集合类型

集合是一个无序不重复元素的集。它的主要功能是自动清除重复的元素。创建集合时用大括号（{}）来包含其元素。例如：

```
>>>fruits = {'苹果', '香蕉','橘子', '葡萄','橘子'}
>>>print(fruits)            # 输出集合的内容
{'葡萄', '苹果', '橘子', '香蕉'}
```

从结果可以看出，集合输出是无序的，并没有按赋值时的顺序输出。如果集合中有重复的元素，就会自动将其删除。

如果要创建一个空集合，必须用 set() 函数。例如：

```
fruits = set()        # 正确的创建空集合的方式
fruits = { }          # 错误的创建空集合的方式
```

5.2.2 集合类型的常见操作

集合类型的常见操作如下。

1. 添加元素

添加元素的语法格式如下：

```
s.add( x )
```

将元素 x 添加到集合 s 中，如果元素已存在，则不进行任何操作。例如：

```
>>>goods = {"洗衣机", "冰箱", "空调"}
>>>goods.add("电视机")          #添加新元素
>>>goods
{'冰箱', '电视机', '洗衣机', '空调'}
>>>goods.add("冰箱")            #添加集合中已经存在的元素
>>>goods
{'冰箱', '电视机', '洗衣机', '空调'}
```

2. 移除元素

移除元素的语法格式如下：

```
s.remove( x )
```

将元素 x 从集合 s 中移除，如果元素不存在，则会发生错误。例如：

```
>>>goods = {"洗衣机", "冰箱", "空调"}
>>>goods.remove("洗衣机")          #移除元素
>>>goods
{'冰箱', '空调'}
>>>goods.remove("电视机")          #移除不存在的元素，将会报错
Traceback (most recent call last):
  File "<pyshell#49>", line 1, in <module>
    goods.remove("电视机")
KeyError: '电视机'
```

3. 计算集合元素个数

计算集合元素个数的语法格式如下：

```
len(s)
```

这里是计算集合 s 中的元素个数。例如：

```
>>>fruits = {"苹果", "香蕉", "橘子"}
>>>len(fruits)
3
```

4. 清空集合

清空集合的语法格式如下：

```
s.clear()
```

这里是清空集合 s。例如：

```
>>>fruits = {"苹果", "香蕉", "橘子"}
>>>fruits.clear()
>>>fruits
set()
```

【例 5.1】创建一月份和二月份采购商品的信息，并进行更改和运算（源代码\ch05\5.1.py）。

```
print ("欢迎进入采购商品查询系统")
s1 = {"洗衣机", "冰箱", "空调", "电视机"}        #保存一月份采购商品名称
s2 = {"洗衣机", "电脑", "空调", "电风扇"}        #保存二月份采购商品名称
print ("一月份采购的商品有: ", s1, "\n")         #输出一月份采购商品名称
print ("二月份采购的商品有: ", s2, "\n")         #输出二月份采购商品名称
print ("交集运算: ", s1&s2, "\n")              #输出一月份和二月份采购的商品名称
print ("并集运算: ", s1|s2, "\n")              #输出一月份和二月份采购的商品名称
print ("差集运算: ", s1-s2, "\n")              #输出一月份采购但二月份没有采购的商品名称
s1.add("电风扇")                               #向一月份采购的商品中添加新商品
s2.remove("电风扇")                            #从二月份采购的商品移除指定商品
print ("最新一月份采购的商品有: ", s1, "\n")      #输出一月份采购的商品更改后的信息
print ("最新二月份采购的商品有: ", s2, "\n")      #输出二月份采购的商品更改后的信息
```

程序运行结果如下：

```
欢迎进入采购商品查询系统
一月份采购的商品有: {'冰箱', '空调', '电视机', '洗衣机'}
二月份采购的商品有: {'洗衣机', '空调', '电脑', '电风扇'}
交集运算: {'洗衣机', '空调'}
并集运算: {'洗衣机', '电风扇', '电视机', '冰箱', '空调', '电脑'}
差集运算: {'冰箱', '电视机'}
最新一月份采购的商品有: {'洗衣机', '电风扇', '电视机', '冰箱', '空调'}
最新二月份采购的商品有: {'洗衣机', '空调', '电脑'}
```

5.3　列表类型

列表是 Python 中使用比较频繁的数据类型。列表可以完成大多数集合类的数据结构实现。列表中元素的类型可以不相同，支持数字、字符串，甚至可以包含列表（所谓嵌套）。

5.3.1　认识列表类型

列表是写在中括号（[]）之间、用逗号分隔开的元素列表。要创建一个列表对象，使用中括号（[]）来包含其元素。例如：

```
>>>s = [1,2,3,4,5]
```

列表对象 s 共有 5 个元素，可以使用 s[0]来返回第 1 个元素，s[1]来返回第 2 个元素，以此类推。如果索引值超出范围，Python 就会抛出一个 IndexError 异常。

在不知道列表长度的情况，可以采用负数作为索引来访问。通过将索引指定为-1，可以让 Python 返回一个列表中最后一个元素。例如：

```
>>>s = [1,2,3,4,5]
>>>s[-1]
5
```

列表对象属于序数对象，是一群有序对象的集合，并且可以使用数字来做索引。列表对象可以进行新增、修改和删除的操作。

列表的常见特性如下：

（1）列表对象中的元素可以是不同的类型。例如：

```
>>>a=[100,"洗衣机",8.88,4+2j]
```

（2）列表对象中的元素可以是另一个列表。例如：

```
>>>b = [100," 洗衣机",8.88,[ 100," 洗衣机",8.88]]
```

（3）访问列表中对象的方法比较简单，列表中的序号是从 0 开始的。例如，访问下面列表中的第 4 个元素：

```
>>>c =[100," 洗衣机",8.88,[ 100," 洗衣机",8.88]]
>>>c[3]
[100, ' 洗衣机', 8.88]
```

（4）列表是可以嵌套的，如果要读取列表对象中嵌套的另一个列表，可使用另一个中括号（[]）来做索引。例如：

```
>>>c =[100," 洗衣机",8.66,[ 100," 洗衣机",8.66]]
>>>c[3][1]
' 洗衣机'
```

5.3.2 列表的常见操作

列表创建完成后，还可以对其进行相关的操作。

1. 获取某个元素的返回值

使用列表对象的 index(c)方法（c 是元素的内容）来返回该元素的索引值。例如：

```
>>>x =[100,"洗衣机",8.66,[ 100," 洗衣机",8.66]]
>>>x.index("洗衣机")
1
>>>x.index(8.66)
2
```

2. 改变列表对象的元素值

列表中的元素值是可以改变的。例如，修改列表中的第 2 个元素：

```
>>>x =[100,"洗衣机",8.66]
>>>x[1] = "冰箱"
>>>x
[100, '冰箱', 8.66]
```

3. 删除列表中的元素

使用 del 语句可以删除列表对象中的元素。

例如，删除列表中的第 2 个元素：

```
>>>x =[100,"苹果",8.66]
>>>del x[1]
>>>x
[100, 8.66]
```

如果想从列表中删除最后一个元素，可以使用序号-1。例如：

```
>>>x =[100,"苹果",8.99]
>>>del x[-1]   #-1 表示从右侧数第一个元素
>>>x
[100, '苹果']
```

如果想一次清除所有的元素，可以使用 del 语句操作，命令如下：

```
del x[:]
```

5.3.3　内置的函数和方法

列表对象有许多内置的函数和方法，下面学习这些函数和方法的使用技巧。

1. 列表的函数

列表内置的函数包括 len()、max()和 min()。

（1）len()函数返回列表的长度。例如：

```
>>>x=[1, 2, 3, 4, 5, 6]
>>>len(x)
6
```

（2）max()函数返回列表元素中的最大值。例如求取列表中的最大值：

```
>>>a=[1, 2, 3, 4, 5, 6]
>>>max(a)
6
>>>b=['a', 'b', 'c', 'd']
>>>max(b)
'd'
```

列表中的元素数据类型必须一致才能使用 max() 函数，否则会出错。例如：

```
>>>a=[1, 2, 3, 4, '字符串变量']
>>>max(a)
Traceback (most recent call last):
  File "<stdin>", line 1, in <module>
TypeError: '>' not supported between instances of 'str' and 'int'
```

（3）min()函数返回列表元素中的最小值。例如：

```
>>>a=[1, 2, 3, 4, 5, 6]
>>>min(a)
1
>>>b=['a', 'b', 'c', 'd']
>>>min(b)
'a'
```

2. 列表的方法

在 Python 解释器内输入 dir([])，可以查看内置的列表方法。

```
>>>dir([])
```

下面将挑选常用的方法进行介绍。

（1）append(object)

append()方法在列表对象的结尾加上新对象 object。例如：

```
>>>x=[1,2,3,4]
>>>x.append(5)
>>>x
[1, 2, 3, 4, 5]
>>>x.append([6,7])
>>>x
[1, 2, 3, 4, 5, [6, 7]]
```

（2）clear()

clear()方法用于清空列表，类似于 del a[:]。例如：

```
>>>s =[1,2,3,4]
>>>s.clear()    #清空列表
>>>s
[]
```

（3）copy()

copy()方法用于复制列表。例如：

```
>>>a = [100,"苹果",8.66]
>>>b = a.copy()
>>>b
[100,"苹果",8.66]
```

（4）count(value)

count(value)方法针对列表对象中的相同元素值 value 计算其数目。例如，计算出列表值为"苹果"的元素个数：

```
>>>a= ["苹果","香蕉","葡萄","苹果","苹果","橙子"]
>>>a.count("苹果")
3
```

（5）extend(list)

extend(list)方法将参数 list 列表对象中的元素加到此列表中，成为此列表的新元素。例如：

```
>>>a=["苹果","香蕉"]
>>>a.extend(["葡萄","橙子"])
>>>a
['苹果', '香蕉', '葡萄', '橙子']
```

（6）index(value)

index(value)方法用于返回列表对象中元素值为 value 的索引值。例如：

```
>>>a= ['苹果', '香蕉', '葡萄', '橙子']
>>>a.index('香蕉')
1
```

（7）insert(index, object)

insert(index, object)方法将在列表对象中索引值为 index 的元素之前插入新元素 object。例如：

```
>>>x=['苹果', '香蕉', '葡萄', '橙子']
>>>x.insert(1,"新元素")
>>>x
['苹果', '新元素', '香蕉', '葡萄', '橙子']
```

（8）pop([index])

pop([index])方法将列表对象中索引值为 index 的元素删除。如果没有指定 index 的值，就将最后一个元素删除。例如，删除第 2 个元素和删除最后一个元素：

```
>>>x = ['苹果', '香蕉',[ '葡萄', '橙子']]
>>>x.pop(1)     #删除第 2 个元素
'香蕉'
>>>x
['苹果', ['葡萄', '橙子']]
>>>x.pop()          #删除最后一个元素
['葡萄', '橙子']
>>>x
['苹果']
```

如果列表为空或者索引值超出范围，则会报一个异常。

（9）remove(value)

remove(value)方法将列表对象中元素值为 value 的元素删除。例如，删除值为"苹果"的元素：

```
>>>x = ["苹果","香蕉","橘子"]
>>>x.remove("苹果")
>>>x
["香蕉","橘子"]
```

（10）reverse()

reverse()方法将列表对象中的元素颠倒排列。例如：

```
>>>x = ["苹果","香蕉","橘子"]
>>>x.reverse()
>>>x
['橘子', '香蕉', '苹果']
```

（11）sort()

sort()方法将列表对象中的元素依照大小顺序排列。例如：

```
>>>x = [60,92,81,48,56,34,22]
>>>x.sort()
>>>x
[22, 34, 48, 56, 60, 81, 92]
```

【例 5.2】创建一个二维列表，输出不同版式的古诗（源代码\ch05\5.2.py）。

这里首先定义 4 个字符串，再定义一个二维列表，然后使用 for 循环将古诗输出，接着使用 reverse()函数将列表进行逆序排列，最后使用 for 循环将古诗以竖版输出。

```
g1="圆魄上寒空"
g2="皆言四海同"
g3="安知千里外"
g4="不有雨兼风"
vs=[list(g1), list(g2), list(g3), list(g4)]        #创建一个二维列表
print ("下面输出横版古诗 \n")
for n in range(4):                                 #循环输出古诗的每一行
    for m in range(5):                             #循环每一行的每一个字
        if m==4:                                   #如果是一行中的最后一个字
            print (vs[n][m])                       #换行输出
        else:
            print (vs[n][m],end="")                #不换行输出
vs.reverse()                                       #对列表进行逆序排列
print ("下面输出竖版古诗 \n")
for n in range(5):                                 #循环每一行的每个字
    for m in range(4):                             #循环逆序排列后的第一行
        if m==3:                                   #如果最后一行
            print (vs[m][n])                       #换行输出
        else:
            print (vs[m][n],end="")                #不换行输出
```

程序运行结果如下：

下面输出横版古诗

圆魄上寒空
皆言四海同
安知千里外
不有雨兼风
下面输出竖版古诗

不安皆圆
有知言魄
雨千四上
兼里海寒
风外同空

5.4　元组类型

与列表相比,元组对象不能修改,同时元组使用小括号,列表使用方括号。创建元组很简单,只需要在括号中添加元素并使用逗号隔开即可。

5.4.1　认识元组类型

元组对象属于序数对象,是一群有序对象的集合,并且可以使用数字来做索引。元组对象与列表对象类似,差别在于元组对象不可以新增、修改与删除。

要创建一个元组对象,可以使用小括号(())来包含其元素。其语法格式如下:

```
variable = (element1, element2, ...)
```

下面创建一个元组对象,含有 4 个元素:1、2、3 和 4。

```
>>>a=(1,2,3,4)
>>>a           #查看元组的元素
(1, 2, 3, 4)
```

元组对象 a 共有 4 个元素,可以使用 a[0]来返回第 1 个元素,a[1]来返回第 2 个元素,以此类推。如果索引值超出范围,Python 就会抛出一个 IndexError 异常。

元组赋值时可以省略小括号(),直接将元素列出。例如:

```
c = 1,2,3,4     #省略小括号
```

5.4.2　元组的常用操作

下面开始学习元组的常用操作方法。

1. 创建只有一个元素的元组

如果创建的元组对象只有一个元素,就必须在元素之后加上逗号(,),否则 Python 会认为此

元素是要设置给变量的值。

```
>>>x = ("苹果",)        #创建只有一个元素的元组
>>>x
('苹果',)
>>>y = ("苹果")         #为变量 y 赋值，输出结果不再是元组
>>>y
'苹果'
```

2. 元组的对象值不能修改

在元组中，不可以修改元组对象内的元素值，否则会提示错误。

```
>>>x = (10,20,30,40)
#以下修改元组元素的操作是非法的
>>>x[0] = 5
Traceback (most recent call last):
  File "<pyshell#5>", line 1, in <module>
    x[0] = 5
TypeError: 'tuple' object does not support item assignment
```

3. 删除元组内的对象

虽然元组内的元素值不能修改，但是可以删除，从而达到更新元组对象的效果。

例如，在下面的元组中删除 a[1]：

```
>>>a = ("苹果",1,2,3)
>>>a = a[1],a[2],a[3]
>>>a
(1, 2, 3)
```

4. 删除整个元组

使用 del 语句可以删除整个元组。例如：

```
>>>a = (1,2,3,4)               #定义新元组 a
>>>del a                       #删除元组 a
>>>a                           #再次输出元组 a 时将报错
Traceback (most recent call last):
  File "<pyshell#12>", line 1, in <module>
    a
NameError: name 'a' is not defined
```

从报错信息可以看出，元组已经被删除，访问该元组时会提示错误信息。

5.4.3   元组的内置函数

元组的内置函数包括 len()、max()、min()和 sum()。下面将分别讲解这几个内置函数的使用方法。

1. len()函数

len()函数返回元组的长度。例如：

```
>>>a = (1,2,3,4,5,6)
>>>len(a)
6
```

2. max()函数

max()函数返回元组或列表元素中的最大值。例如：

```
>>>a=(1,2,3,4,5,6)
>>>max(a)
6
>>>b=['a', 'c', 'd', 'e', 'f', 'g']
>>>max(b)
'g'
```

元组中元素的数据类型必须一致才能使用 max()函数，否则会出错。

3. min()函数

min()函数返回元组或列表元素中的最小值。例如：

```
>>>a=(1,2,3,4,5,6)
>>>min(a)
1
>>>b=['a', 'c', 'd', 'e', 'f']
>>>min(b)
'a'
```

元组中元素的数据类型必须一致才能使用 min()函数，否则会出错。

4. sum()函数

sum()函数返回元组中所有元素的和。

```
>>>a=(1,2,3,4,5,6,7,8)
>>>sum(a)
36
```

【例 5.3】使用 for 循环列出商品的价格（源代码\ch05\5.3.py）。

这里首先定义一个包含 4 个元素的元组，内容为商品的价格，然后使用 for 循环将每个元组的值输出，并且在后面加上"元"。

```
names=("洗衣机 6800","空调 5800","电视机 5268","冰箱 4800")   #定义元组
print ("下面输出商品的价格\n")
for name in names:                                #遍历元组
    print (name+"元",end=" ")
```

程序运行结果如下：

下面输出商品的价格

洗衣机 6800 元 空调 5800 元 电视机 5268 元 冰箱 4800 元

5.5 字典类型

与列表类型和元组类型有所不同，字典类型是另一种可变容器模型，且可存储任意类型的对象。本节将学习字典类型的基本操作。

5.5.1 认识字典类型

字典是 Python 内非常有用的数据类型。字典使用大括号（{}）将元素列出。元素由键与数组成，中间以冒号（:）隔开。键必须是字符串、数字或元组，这些对象是不可变动的。值则可以是任意数据类型。字典的元素排列没有一定的顺序，因为可以使用键来取得该元素。

创建字典的语法格式如下：

字典变量={关键字 1:值 1,关键字 2:值 2,…}

注意：在同一个字典内，关键字必须互不相同。

例如创建字典并访问字典中的元素。

```
>>>x={'洗衣机': '3888 元','空调': '4888 元','电视机': '2888 元'}
>>>x ['洗衣机']
'3888 元'
```

字典中的关键字必须唯一，但是关键字对应的值可以相同。在获取字典中的元素值时，必须保证输入的键值在字典中是存在的，否则 Python 会报一个 KeyError 错误。

5.5.2 字典的常用操作

下面讲解字典的常用操作。

1. 修改字典中的元素值

字典中的元素值是可以修改的。例如：

```
>>>x={'洗衣机': '3888 元','空调': '4888 元','电视机': '2888 元'}
>>>x['空调'] = '6888 元'
>>>x
{'洗衣机': '3888 元', '空调': '6888 元', '电视机': '2888 元'}
```

2. 删除字典中的元素

使用 del 语句可以删除字典中的元素。例如：

```
>>>x={'洗衣机': '3888 元','空调': '4888 元','电视机': '2888 元'}
>>>del x["洗衣机"]
>>>x
{'空调': '4888 元', '电视机': '2888 元'}
```

3. 定义字典键值时需要注意的问题

字典键值是不能随便定义的，需要注意以下两点：

（1）不允许同一个键值出现多次。创建时如果同一个键值被赋值多次，那么只有最后一个值有效，前面重复的值将会被自动删除。例如：

```
>>>x={'空调': '3888 元', '冰箱': '4888 元', '空调': '5888 元', '冰箱': '6888 元'}
>>>x
{'空调': '5888 元', '冰箱': '6888 元'}
```

（2）因为字典键值必须不可变，所以可以用数字、字符串或元组充当，列表则不行。如果用列表作键值，将会报错。例如：

```
>>>x = {["名称"]:"冰箱", "产地":"北京", "价格":"6500"}
Traceback (most recent call last):
  File "<pyshell#33>", line 1, in <module>
    x = {["名称"]:"冰箱", "产地":"北京", "价格":"6500"}
TypeError: unhashable type: 'list'
```

5.5.3 字典的内置函数和方法

本节主要讲解字典的内置函数和方法。

1. 字典的内置函数

字典的内置函数包括 len()、str()和 type()。

（1）len(dict)：计算字典元素个数，即键值的总数。例如：

```
>>>x = {'洗衣机': '3888 元', '空调': '4888 元'}
>>>len(x)
2
```

（2）str(dict)：将字典的元素转化为可打印的字符串形式。例如：

```
>>>x = {'洗衣机': '3888 元', '空调': '4888 元'}
>>>str(x)
"{'洗衣机': '3888 元', '空调': '4888 元'}"
```

（3）type(variable)：返回输入的变量类型，如果变量是字典，就返回字典类型。例如：

```
>>>x = {'洗衣机': '3888 元', '空调': '4888 元'}
>>>type(x)
<class 'dict'>
```

2. 字典的内置方法

字典对象有许多内置方法，在 Python 解释器内输入 dir({}），就可以显示这些内置方法的名称。下面挑选常用的方法进行讲解。

（1）clear()：清除字典中的所有元素。例如：

```
>>>x = {'洗衣机': '3888 元', '空调': '4888 元'}
>>>x.clear()
>>>x
{}
```

（2）copy()：复制字典。例如：

```
>>>x = {'洗衣机': '3888 元', '空调': '4888 元'}
>>>y = x.copy()
>>>y
{'洗衣机': '3888 元', '空调': '4888 元'}
```

（3）get(k [, d])：k 是字典的索引值，d 是索引值的默认值。如果 k 存在，就返回其值，否则返回 d。例如：

```
>>>x = {'洗衣机': '3888 元', '空调': '4888 元'}
>>>x.get("洗衣机")
'3888 元'
>>>x.get("电视机","不存在")
'不存在'
```

（4）items()：使用字典中的元素创建一个由元组对象组成的列表。例如：

```
>>>x = {'洗衣机': '3888 元', '空调': '4888 元'}
>>>x.items()
dict_items([('洗衣机', '3888 元'), ('空调', '4888 元')])
```

（5）keys()：使用字典中的键值创建一个列表对象。例如：

```
>>>x = {"名称":"洗衣机", "产地":"上海", "价格":"4888 元"}
>>>x.keys()
dict_keys(['名称', '产地', '价格'])
```

（6）popitem()：删除字典中的最后一个元素。例如：

```
>>>x = {"名称":"洗衣机", "产地":"上海", "价格":"4888 元"}
>>>x.popitem()
('价格', '4888 元')
>>>x
{'名称': '洗衣机', '产地': '上海'}
>>>x.popitem()
('产地', '上海')
>>>x
{'名称': '洗衣机'}
```

【例 5.4】制作商品价格查询系统（源代码\ch05\5.4.py）。

```
a=["洗衣机","空调","电视机","冰箱"]              #定义键的列表
b=["2888 元","3888 元","4888 元","5888 元"]       #定义值的列表
c=dict(zip(a,b))                                  #转化为字典
print ("欢迎进入商品价格查询系统")
print (c)
n=input("请输入需要查询的商品名称：")
print (n+"的价格是：",c.get(n))
```

程序运行结果如下：

```
欢迎进入商品价格查询系统
{'洗衣机': '2888 元', '空调': '3888 元', '电视机': '4888 元', '冰箱': '5888 元'}
请输入需要查询的商品名称：洗衣机
洗衣机的价格是： 2888 元
```

第6章

字符串的应用

在 Python 语言中，字符串是使用频率非常高的数据类型。前面章节已经简单地介绍过字符串的基本概念，从本章开始将深入学习字符串的操作方法，包括字符串的常用操作、字符串格式化、字符串的常用方法等。

6.1 字符串的常用操作

前面章节已经讲解了创建字符串的方法，本节开始学习字符串的常用操作。

6.1.1 访问字符串中的值

在 Python 中访问子字符串变量，可以使用方括号来截取字符串。

与列表的索引一样，字符串索引从 0 开始。字符串的索引值可以为负数。若索引值为负数，则表示由字符串的结尾向前数。字符串的最后一个字符的索引值是-1，字符串的倒数第二个字符的索引值是-2。例如：

```
>>>a="Believe in yourself"
>>>print(a[0])
B
>>>print(a[-1])
f
>>>b="迟日江山丽,春风花草香。"
>>>print(b[1])
日
>>>print(b[-2])
香
```

6.1.2　分割指定范围的字符

使用冒号（:）可以分割指定范围的字符。使用方法如下：

```
a[x:y]
```

这里表示分割字符串 a，中括号（[]）内的第 1 个数字 x 是要分割字符串的开始索引值，第 2 个数字 y 则是要分割字符串的结尾索引值。

提示：这里获取的字符只包含第 1 个数字 x 为索引值的字符，不包含第 2 个数字 y 为索引值的字符。

例如：

```
>>>a="Believe in yourself"
>>>print(a[0:6])
Believ
>>>print(a[:10])
Believe in
>>>print(a[0:])
Believe in yourself
>>>print(a[:])
Believe in yourself
```

从结果可以看出，省略开始索引值，分割字符串就是从第一个字符到结尾索引值；省略结尾索引值，分割字符串就是从开始索引值对应的字符到最后一个字符；省略开始索引值与结尾索引值，分割字符串则是从第一个字符到最后一个字符。

6.1.3　更新字符串

默认情况下，字符串被设置后不可以直接修改。一旦直接修改字符串中的字符，就会弹出错误信息。例如：

```
>>>a="Believe in yourself"
>>>a[1] = "w"
```

输出错误信息如下：

```
Traceback (most recent call last):
  File "<stdin>", line 1, in <module>
TypeError: 'str' object does not support item assignment
```

如果一定要修改字符串，可以使用访问字符串值的方法进行更新操作。例如：

```
>>>a="迟日江山丽,春春花草香。"
>>>a=a[:7] + "风" + a[8:]
>>>print(a)
迟日江山丽,春风花草香。
```

6.1.4 使用转义字符

有时候需要在字符串内放置单引号、双引号、换行符等，可使用转义字符来转义。Python 的转义字符是由一个反斜杠（\）与一个被转义字符组成的，如表 6-1 所示。

表6-1 Python的转义字符

转义字符	含 义
\（在行尾时）	续行符
\\	反斜杠符号
\'	单引号（'）
\"	双引号（"）
\a	响铃
\b	退格（Backspace）
\e	转义
\n	换行
\v	纵向制表符
\r	回车
\t	横向制表符
\f	换页
\000	空
\ooo	ooo 是八进制 ASCII 码
\xyy	十六进制数，yy 代表字符

下面挑选几个常用的转义字符进行讲解。

1. 换行字符（\n）

下面的示例是在字符串内使用换行字符（\n）。

```
>>>a="泥融飞燕子\n沙暖睡鸳鸯"
>>>print(a)
泥融飞燕子
沙暖睡鸳鸯
```

2. 双引号（\"）

下面的示例是在字符串内使用双引号（"）。

```
>>>a="对别人的意见要表示尊重。千万别说：\"你错了。\""
>>>print (a)
对别人的意见要表示尊重。千万别说："你错了。"
```

3. 各进制的 ASCII 码

下面的示例显示十六进制数值是 48 的 ASCII 码。

```
>>>a="\x48"
>>>print(a)
H
```

下面的示例显示八进制数值是 103 的 ASCII 码。

```
>>>a= "\103"
>>>print(a)
C
```

4. 加入反斜杠字符

如果需要在字符串内加上反斜杠字符，就必须在字符串的引号前面加上 "r" 或 "R" 字符。下面的示例是字符串包含反斜杠字符。

```
>>>print (r"\d")
\d
>>>print (R"\e,\f,\e")
\e,\f,\e
```

6.2　熟练使用字符串运算符

下面介绍常见的字符串运算符的使用方法。

1. 加号（+）运算符

使用加号（+）运算符可以将两个字符串连接起来，成为一个新的字符串。例如：

```
>>>a="梨花风起正清明，" + "游子寻春半出城。"
>>>print(a)
梨花风起正清明，游子寻春半出城。
```

2. 乘号（*）运算符

使用乘号（*）运算符可以将一个字符串的内容复制数次，成为一个新的字符串。例如：

```
>>>a="洗衣机" * 4
>>>print(a)
洗衣机洗衣机洗衣机洗衣机
```

3. 逻辑运算符

使用大于（>）、等于（==）和小于（<）逻辑运算符比较两个字符串的大小。例如：

```
>>>a="hello"
>>>b="world"
>>>print(a>b)
False
>>>print(a==b)
False
>>>print(a<b)
True
```

4. in 和 not in 运算符

使用 in 或 not in 运算符测试某个字符是否在字符串内。例如：

```
>>>a="h"
>>>b="hello"
>>>print(a in b)
True
>>>print(a not in b)
False
```

【例 6.1】综合应用字符串运算符（源代码\ch06\6.1.py）。

```
a = "客从远方来，"
b = "遗我一端绮。"
print("a + b 输出结果：", a + b)
print("a * 2 输出结果：", a * 2)
print("a[1] 输出结果：", a[1])
print("a[1:4] 输出结果：", a[1:4])
#使用 in 关键词
if( "远方" in a) :
    print("远方在变量 a 中")
else :
    print("远方不在变量 a 中")
#使用 not in 关键词
if( "外客" not in b) :
    print("外客不在变量 b 中")
else :
    print("外客在变量 b 中")
```

保存并运行程序，结果如下：

```
a + b 输出结果：客从远方来，遗我一端绮。
a * 2 输出结果：客从远方来，客从远方来，
a[1] 输出结果：从
a[1:4] 输出结果：从远方
远方在变量 a 中
外客不在变量 b 中
```

6.3 格式化字符串

Python 支持格式化字符串的输出。字符串格式化使用字符串操作符百分号（%）来实现。在百分号的左侧放置一个字符串（待格式化字符串），右侧放置希望被格式化的值，这个值可以是一个值，如一个字符串或数字，也可以是多个值的元组或字典。例如：

```
>>>a = "目前市场上%s 的价格为每公斤%d 元。"
>>>b = ('苹果',20)
>>>c= a % b
```

```
>>>print (c)
```
目前市场上苹果的价格为每公斤 20 元。

上述%s 和%d 为字符串格式化符号，标记了需要放置转换值的位置。其中，s 表示百分号右侧的值会被格式化为字符串，d 表示百分号右侧的值会被格式化为整数。

Python 中的字符串格式化符号如表 6-2 所示。

表6-2　Python中的字符串格式化符号

字符串格式化符号	含　义
%c	格式化为字符及其 ASCII 码
%s	格式化为字符串
%d	格式化为整数
%u	格式化为无符号整型
%o	格式化为无符号八进制数
%x	格式化为无符号十六进制数
%f	格式化为浮点数字，可指定小数点后的精度
%e	用科学记数法格式化为浮点数
%p	用十六进制数格式化为变量的地址

这里特别指出，若格式化为浮点数，则可以提供所需要的精度，即一个句点加上需要保留的小数点位数。因为格式化字符总是以类型的字符结束，所以精度应该放在类型字符前面。例如：

```
>>>a = "今天的苹果的售价为每公斤%.2f 元。"
>>>b =20.16
>>>c= a % b
>>>print (c)
```
今天的苹果的售价为每公斤 20.16 元。

如果不指定精度，默认情况下就会显示 6 位小数。例如：

```
>>>a = "今天的苹果的售价为每公斤%f 元。"
>>>b = 20.16
>>>c = a % b
>>>print (c)
```
今天的苹果的售价为每公斤 20.160000 元。

如果要在格式化字符串中包含百分号，就必须使用%%，这样 Python 才不会将百分号误认为格式化符号。例如：

```
>>>a = "今年苹果的销售额比去年提升了：%.2f%%"
>>>b = 20.16
>>>c = a % b
>>>print (c)
```
今年苹果的销售额比去年提升了：20.16%

另外，还有一种方式也可以实现上述结果。例如：

```
>>>a = "今年苹果的销售额比去年提升了：%.2f"
>>>b = 20.16
```

```
>>>c = a % b
>>>print (c+"%")
今年苹果的销售额比去年提升了：20.16%
```

6.4　内置的字符串方法

在 Python 中，字符串的方法有很多，主要是因为字符串中 string 模块中继承了很多方法。本节将结合几种常用的方法进行讲解。

6.4.1　capitalize()方法

capitalize()方法将字符串的第一个英文字符转化为大写，其他字符转化为小写。

capitalize()方法的语法格式如下：

```
str.capitalize()
```

其中，str 为需要转化的字符串。例如：

```
>>>str = "i can because I think I can"
>>>tt = str.capitalize()+":我行，因为我相信我行！"
>>>print (tt)
I can because i think i can:我行，因为我相信我行！
```

需要注意的是，如果字符串的首字符不是字母，那么该字符串中的第一个英文字符不会转换为大写，而是转换为小写。例如：

```
>>>str = "123 I can because I think I can "
>>>print(str.capitalize())
123 i can because i think i can
>>>str = "@ I can because I think I can "
>>>print(str.capitalize())
@ i can because i think i can
```

6.4.2　count()方法

count()方法用于统计字符串中某个字符出现的次数，可选参数为在字符串中搜索的开始与结束位置。

count()方法的语法格式如下：

```
str.count(sub, start= 0,end=len(string))
```

其中，sub 为搜索的子字符串；start 为字符串开始搜索的位置，默认为第一个字符，第一个字符索引值为 0；end 为字符串中结束搜索的位置，默认为字符串的最后一个位置。例如：

```
>>>str="The best preparation for tomorrow is doing your best today"
>>>s='b'
```

```
>>>print ("字符 b 出现的次数为: ", str.count(s))
字符 b 出现的次数为: 2
>>>s='best '
>>>print ("best 出现的次数为:", str.count(s,0,6))
best 出现的次数为: 0
>>>print ("best 出现的次数为:", str.count(s,0,40))
best 出现的次数为: 1
>>>print ("best 出现的次数为:", str.count(s,0,80))
best 出现的次数为: 2
```

6.4.3 find()方法

find()方法检测字符串中是否包含子字符串。如果包含子字符串,就返回子字符串开始的索引值;否则返回-1。

find()方法的语法格式如下:

```
str.find(str, beg=0, end=len(string)
```

其中,str 为指定检索的字符串;beg 为开始索引,默认为 0;end 为结束索引,默认为字符串的长度。例如:

```
>>>str1 = "青海长云暗雪山,孤城遥望玉门关。"
>>>str2 = "玉门"
>>>print (str1.find(str2))
12
>>>print (str1.find(str2,10))
12
>>>print (str1.find(str2,13,15))
-1
```

6.4.4 index()方法

index()方法检测字符串中是否包含子字符串。如果包含子字符串,就返回子字符串开始的索引值,否则报一个异常。

index()方法的语法格式如下:

```
str.index(str, beg=0, end=len(string))
```

其中,str 为指定检索的字符串;beg 为开始索引,默认为 0;end 为结束索引,默认为字符串的长度。例如:

```
>>>str1 = "青海长云暗雪山,孤城遥望玉门关。"
>>>str2 = "玉门"
>>>print (str1.index(str2))
12
>>>print (str1.index (str2,10))
12
>>>print (str1.index(str2,13,15))
```

```
Traceback (most recent call last):
  File "<stdin>", line 1, in <module>
ValueError: substring not found
```

可见，该方法与 find() 方法一样，只不过 str 不在 string 中时，就会报一个异常。

6.4.5　isalnum()方法

isalnum() 方法检测字符串是否由字母和数字组成。

isalnum() 方法的语法格式如下：

```
str.isalnum()
```

如果字符串中至少有一个字符并且所有字符都是字母或数字，就返回 True；否则返回 False。例如：

```
>>>str1 = "Whateverisworthdoingisworthdoingwell"        #字符串没有空格
>>>print (str1.isalnum())
True
>>>str1="Whatever is worth doing is worth doing well"   #这里添加了空格
>>>print (str1.isalnum())
False
```

6.4.6　join()方法

join() 方法用于将序列中的元素以指定的字符连接生成一个新的字符串。

join() 方法的语法格式如下：

```
str.join(sequence)
```

其中，sequence 为要连接的元素序列。例如：

```
>>>s1 = ""
>>>s2 = "*"
>>>s3 = "#"
>>>e1 = ("黄", "沙", "百", "战", "穿", "金", "甲")
>>>e2 = ("不", "破", "楼", "兰", "终", "不", "还")
>>>print (s1.join( e1 ))
黄沙百战穿金甲
>>>print (s2.join( e2 ))
不*破*楼*兰*终*不*还
>>>print (s3.join( e2 ))
不#破#楼#兰#终#不#还
```

注意：被连接的元素必须是字符串，如果是其他的数据类型，运行时就会报错。

6.4.7　isalpha()方法

isalpha() 方法检测字符串是否只由字母或汉字组成。如果字符串至少有一个字符并且所有字符都是字母或汉字，就返回 True；否则返回 False。

isalpha()方法的语法格式如下：

```
str.isalpha()
```

例如：

```
>>>s1 = "Believe 相信"
>>>print (s1.isalpha())
True
>>>s1 = "大漠风尘日色昏，红旗半卷出辕门。"
>>>print (s1.isalpha())
False
```

6.4.8　isdigit()方法

isdigit()方法检测字符串是否只由数字组成。如果字符串中只包含数字，就返回 True；否则返回 False。

isdigit()方法的语法格式如下：

```
str.isdigit()
```

例如：

```
>>>s1 = "123456789"
>>>print (s1.isdigit())
True
>>>s1 = "Believe123456789"
>>>print (s1.isdigit())
False
```

6.4.9　low()方法

low()方法将字符串中的所有大写字符转化为小写字符。

low()方法的语法格式如下：

```
str.lower()
```

其中，str 为指定需要转化的字符串，该方法没有参数。

例如：

```
>>>s1 = "HAPPINESS"
>>>print('使用 low()方法后的效果：',s1.lower())
使用 low()方法后的效果：happiness
>>>s2 = "Happiness"
>>>print('使用 low()方法后的效果：',s2.lower())
使用 low()方法后的效果：happiness
```

从结果可以看出，字符串中的大写字母全部转化为小写字母了。

如果想实现"不区分大小写"功能，就可以使用 lower()方法。例如，在一个字符串中查找某个子字符串并忽略大小写：

```
>>>s1 = "HAPPINESS"
>>>s2 = "Ss"
>>>s1.find(s2)                      #都不转化为小写，找不到匹配的字符串
-1
>>>s1.lower().find(s2)              #被查找字符串转化为小写，找不到匹配的字符串
-1
>>>s1.lower().find(s2.lower())      #全部转化为小写，找不到匹配的字符串
7
```

6.4.10　max()方法

max()方法返回字符串中的最大值。

max()方法的语法格式如下：

```
str.max()
```

其中，str 为指定需要查找的字符串，该方法没有参数。例如：

```
>>>s1 = "abcdefgh"
>>>print(max(s1))
h
>>>s2 = "abcdefghABCDEFGH "
>>>print(max(s2))
h
```

6.4.11　min()方法

min()方法返回字符串中的最小值。

min()方法的语法格式如下：

```
str.min()
```

其中，str 为指定需要查找的字符串，该方法没有参数。例如：

```
>>>s1 ="abcdefgh"
>>>print(min(s1))
a
```

6.4.12　replace()方法

replace()方法用于把字符串中的旧字符串替换为新字符串。

replace()方法的语法格式如下：

```
str.replace(old, new[, max])
```

其中，old 为将被替换的子字符串；new 为新字符串，用于替换 old 子字符串；max 为可选参数，表示替换不超过 max 次。例如：

```
>>>s1="最近采购货物为冰箱"
>>>print(s1.replace("冰箱", "洗衣机"))
最近采购货物为洗衣机
>>>s1="一片两片三四片 五片六片七八片 九片十片片片飞 飞入芦花皆不见"
>>>print(s1.replace("片","页",1))
一页两片三四片 五片六片七八片 九片十片片片飞 飞入芦花皆不见
>>>print(s1.replace("片","页",2))
一页两页三四片 五片六片七八片 九片十片片片飞 飞入芦花皆不见
>>>print(s1.replace("片","页",10))
一页两页三四页 五页六页七八页 九页十页页页飞 飞入芦花皆不见
>>>print(s1.replace("片","页"))
一页两页三四页 五页六页七八页 九页十页页页飞 飞入芦花皆不见
```

从结果可以看出，若指定第 3 个参数，则替换从左到右进行，替换次数不能超过指定的次数；若不指定第 3 个参数，则所有匹配的字符都将被替换。

6.4.13　swapcase()方法

swapcase()方法用于对字符串的大小写字母进行转换，即将字符串中的小写字母转换为大写、大写字母转换为小写。

swapcase()方法的语法格式如下：

```
str.swapcase ()
```

其中，str 为指定需要查找的字符串，该方法没有参数。返回结果为大小写字母转换后生成的新字符串。例如：

```
>>>s1 ="Happiness is a way station between too much and too little "
>>>print ('原始的字符串: ',s1)
原始的字符串: Happiness is a way station between too much and too little
>>>print ('转换后的字符串: ',s1.swapcase())
转换后的字符串: hAPPINESS IS A WAY STATION BETWEEN TOO MUCH AND TOO LITTLE
```

从结果可以看出，调用 swapcase()方法后，字符串中的大小写将进行相互转换。

6.4.14　title()方法

title()方法返回"标题化"的字符串，即所有单词首字母都为大写，其余字母均为小写。

title ()方法的语法格式如下：

```
str.title()
```

其中，str 为指定需要查找的字符串，该方法没有参数。返回结果为大小写字母转换后生成的新字符串。例如：

```
>>>s1 ="Happiness is a way station between too much and too little "
>>>print ('原始的字符串: ',s1)
```

```
原始的字符串： Happiness is a way station between too much and too little
>>>print ('转换后的字符串：',s1.title())
转换后的字符串： Happiness Is A Way Station Between Too Much And Too Little
```

从结果可以看出，调用 title()方法后，字符串中所有单词首字母都为大写，其余字母均为小写。

第 7 章

函 数

函数是 Python 语言程序的基本单位，Python 语言程序的功能就是靠每一个函数实现的。由于函数可以重复使用，因此函数能够提高应用的模块性和代码的重复利用率。在 Python 中，除了内置的函数（如 print()、int()、float()等）外，读者还可以根据实际需求自定义符合要求的函数，即用户自定义函数。本章将重点学习 Python 中自定义函数的使用方法和技巧。

7.1 使用函数的优势

在前面讲解的知识中，代码量不大，操作也不复杂，基本上交互模式下都可以运行。随着学习的深入，代码量越来越大，在交互模式下操作就显得力不从心，并且在交互模式下运行的代码不能保存，下次再执行这些操作时，需要重新输入一遍代码，这是一件很烦琐的工作。另外，如果需要重复调用编写的代码块，也无法实现。

为了解决上述问题，这里引入函数的概念。函数是指一组语句的集合，通过一个名字（函数名）封装起来，要想执行这个函数，只需要调用其函数名即可。因为函数可以重复调用，所以使得代码更简洁、易读，写好的代码段也可以被重复利用。函数是组织好的、可以重复使用的，用来实现单一或相关联功能的代码段。

在 Python 代码编写中，使用函数的优势如下：

（1）开发者可以将常用的功能需求开发成函数，这样便于重复使用，让程序代码的总行数变少，之后修改代码的工作量也大大减少。

（2）通过将一组语句封装成函数成为一个代码块，更有利于调试和后期的修改，同时便于阅读和理解代码。

（3）将一段很长的代码拆分为几个函数，对每个函数单独调试，单个函数调试通过后，再将它们重新组合起来即可。

7.2 定义函数

Python 的函数定义方法是使用 def 关键字，其语法格式如下：

```
def 函数名称(参数1，参数2，...)：
    "文件字符串"
    <语句>
```

"文件字符串"是可省略的，用来作为描述此函数的字符串。如果"文件字符串"存在的话，那么必须是函数的第一个语句。

定义一个函数的规则如下：

（1）函数代码块以 def 关键字开头，后接函数标识符名称和小括号。

（2）传入的任何参数和自变量都必须放在小括号中间，小括号之间可以定义参数。

（3）函数的第一行语句可以选择性地使用文档字符串，用于存放函数说明。

（4）函数内容以冒号起始，并且缩进。

（5）return [表达式] 结束函数，选择性地返回一个值给调用方。不带表达式的 return 相当于返回 None。

下面是一个简单的函数定义：

```
def ss(x, y):
    "x * y"
    return x + y

ds=ss(100,4)
print(ds)
```

输出结果如下：

```
104
```

如果用户调用的函数没有参数，那么必须在函数名称后加上小括号。

用户还可以先将函数名称设置为变量，再使用该变量运行函数的功能。例如：

```
>>>a = int
>>>print (a(-3.123))
-3
```

从结果可以看出，int()函数是 Python 的内置函数，这里直接将函数名称设置为变量 a，通过变量 a 即可运行该函数。

7.3 函数的参数

Python 函数的参数传递都是使用传址调用的方式。所谓传址调用，就是将该参数的内存地址传过去,若参数在函数内被更改,则会影响原有的参数。参数的数据类型可以是模块、类、实例(instance),或者其他的函数,用户不必在参数内设置参数的数据类型。

调用函数时可使用的参数类型包括必需参数、关键字参数、默认参数、可变参数和组合参数。下面分别介绍它们的使用方法和技巧。

7.3.1 必需参数

必需参数要求用户必须以正确的顺序传入函数,调用时的数量必须和声明时的一样。设置函数的必需参数时,必须依照它们的位置排列顺序。例如:

```
>>>def sub(x, y):
    return x - y
>>>s = sub(200,50)
>>>print(s)
150
```

从结果可以看出,调用 sub(200, 50)时,x 参数等于 200,y 参数等于 50,因为 Python 会根据参数排列的顺序来取值。

如果调用 sub()函数时没有传入参数或传入的参数与声明时不同,就会出现语法错误。例如下面的两种方式都会报错:

```
sub()                #不输入参数
sub(100,200,300)    #输入超过两个参数
```

由此可见,对于包含必需参数的函数,在传递参数时需要保证参数的个数正确无误。

7.3.2 关键字参数

用户可以直接设置参数的名称及其默认值,这种类型的参数属于关键字参数。

在设置函数的关键字参数时,可以不依照它们的位置排列顺序,因为 Python 解释器能够用参数名匹配参数值。例如:

```
>>>def sub(x, y):
    return x - y
>>>sub (200,100)            #按参数顺序传入参数
100
>>>sub (x=200, y = 100)     #按参数顺序传入参数,并指定参数名
100
>>>sub (y =100,x=200)       #不按参数顺序传入参数,并指定参数名
100
```

用户可以将必需参数与关键字参数混合使用,但必须将必需参数放在关键字参数之前。例如:

```
>>>def goods(name, price):
    "输出商品价格信息"
    print ("名称: ", name)
    print ("价格: ", price)
    return
```

```
>>>goods("电视机",price=2880)    #必需参数与关键字参数混合使用
名称：电视机
价格：2880
```

7.3.3 默认参数

调用函数时，若没有传递参数，则会使用默认参数值。例如：

```
>>>def fruits( name, price=8.88 ):
        "输出水果价格信息"
        print ("名称: ", name)
        print ("价格: ", price)
        return
>>>fruits (name="葡萄", price=6.66 )
名称：葡萄
价格：6.66
>>>fruits (name="苹果" )
名称：苹果
价格：8.88
```

在本示例中，首先定义一个函数 fruits(name, price=8.88)，这里变量 price 的默认值为 8.88。当第一次调用该函数时，因为指定了变量 price 的值为 6.66，所以输出值也为 6.66；第二次调用该函数时，因为没有指定变量 price 的值，所以结果将会输出变量 price 的默认值（8.88）。

当使用默认参数时，参数的位置排列顺序可以任意改变。若每个参数值都定义了默认参数，则调用函数时可以不设置参数，使用函数定义时的默认参数值即可。

```
>>>def sub(x=200, y=100 ):
    return x- y

>>>print(sub())    #没有传递参数，使用默认参数值
100
```

7.3.4 可变参数

如果用户在声明参数时不能确定需要使用多少个参数，就使用可变参数。可变参数不用命名，其基本语法如下：

```
def functionname([formal_args,] *var_args_tuple ):
    "函数_文档字符串"
    function_suite
    return [expression]
```

加了星号（*）的变量名会存放所有未命名的变量参数。如果在函数调用时没有指定参数，它就是一个空元组。用户也可以不向函数传递未命名的变量。

【例 7.1】可变参数的综合应用（源代码\ch07\7.1.py）。

```
def fruits(aa,*args):
    print(aa)
```

```
    for bb in args:
        print("可变参数为：",bb)
    return

print("不带可变参数")
fruits("西瓜")
print("带两个可变参数")
fruits("西瓜","苹果",15.5)
print("带 6 个可变参数")
fruits("西瓜","苹果",15.5,"香蕉",6.5,"橙子",10.5)
```

保存并运行程序，输出结果如下：

```
不带可变参数
西瓜
带两个可变参数
西瓜
可变参数为：　苹果
可变参数为：　15.5
带 6 个可变参数
西瓜
可变参数为：　苹果
可变参数为：　15.5
可变参数为：　香蕉
可变参数为：　6.5
可变参数为：　橙子
可变参数为：　10.5
```

从结果可以看出，用户无法预定参数的数目时，可以使用*arg 类型的参数，*arg 代表一个元组对象。在定义函数时，只定义两个参数，调用时可以传入两个以上的参数，这就是可变参数的优势。

用户也可以使用**arg 类型的参数，**arg 代表一个字典对象。

【例 7.2】**arg 类型的应用（源代码\ch07\7.2.py）。

```
def fruits(**args):
    print ("名称 = "),
    for a in args.keys():
        print (a),
    print ("价格 = "),
    for b in args.values():
        print (b),

fruits(苹果= 3.68, 香蕉= 4.86, 橘子 = 6.69)
```

保存并运行程序，输出结果如下：

```
名称 =
苹果
香蕉
```

```
橘子
价格 =
3.68
4.86
6.69
```

7.4 有返回值的函数和无返回值的函数

return 语句用于退出函数，有选择性地向调用方返回一个表达式。不带参数值的 return 语句返回 None。

1. 有返回值的函数

下面通过示例来学习 return 语句返回数值的方法。

【例 7.3】有返回值的函数（源代码\ch07\7.3.py）。

```python
def sum(count, price ):
    "输出商品总价格"
    total = count * price
    print ("商品总价格: ", total)
    return total

sum( 15, 4.6 )
```

保存并运行程序，输出结果如下：

```
商品总价格:  69.0
```

函数的返回值可以是一个表达式。例如：

```python
def addnumbers(x, y):
    return x * 10 + y * 20

am=addnumbers(1, 2)
print(am)
```

输出结果如下：

```
50
```

函数的返回值可以是多个，此时返回值以元组对象的类型返回。例如：

```python
def returnxy(x, y):
    return x, y

a, b = returnxy(10, 20)
print (a, b)
```

输出结果如下：

```
10 20
```

2. 无返回值的函数

若函数没有返回值，则返回 None。例如：

```
def myfunction():
    return
ret = myfunction()
print (ret)
```

输出结果如下：

```
None
```

注意：如果没有 return 语句，函数执行完毕后也会返回结果，只是结果为 None。有时候，return None 语句也可以简写为 return。

7.5　形参和实参

函数的参数分为形参和实参两种。形参出现在函数定义中，在整个函数体内都可以使用，离开该函数则不能使用。实参在调用函数时传入。

1. 形参与实参的概念

形式参数：在函数定义中出现的参数，可以看作是一个占位符，它没有数据，只能等到函数被调用时接收传递进来的数据，所以称为形式参数，简称形参。

实际参数：函数被调用时给出的参数，包含实实在在的数据，会被函数内部的代码使用，所以称为实际参数，简称实参。

2. 参数的功能

形参和实参的功能是数据传送，发生函数调用时，实参的值会传送给形参。

3. 形参和实参的特点

（1）形参变量只有在函数被调用时才会分配内存，调用结束后立刻释放内存，所以形参变量只在函数内部有效，不能在函数外部使用。

（2）实参可以是常量、变量、表达式、函数等，无论实参是何种类型的数据，在进行函数调用时都必须有确定的值，以便把这些值传送给形参，所以应该提前用赋值、输入等办法使实参获得确定值。

（3）实参和形参在数量、类型、顺序上必须严格一致，否则会发生"类型不匹配"的错误。

注意：函数调用中发生的数据传送是单向的，即只能把实参的值传送给形参，而不能把形参的值反向地传送给实参。因此，在函数调用过程中，形参的值发生改变时，实参的值不会发生变化。

【例 7.4】形参和实参的应用（源代码\ch07\7.4.py）。

```
def goods( name, price ):        #定义函数时，函数的参数就是形参
    "输出商品的信息"
    print ("名称: ", name)
    print ("价格: ", price)
    return
goods ("冰箱", 4600)              #调用函数时，将实参赋值给形参 name 和 price
```

保存并运行程序，输出结果如下：

```
名称: 冰箱
价格: 4600
```

注意： 在定义函数时，函数的参数就是形参，形参即形式上的参数，它代表参数，但是不知道具体代表的是什么参数。实参就是调用函数时的参数，即具体的、已经知道的参数。

内置函数的组合规则在用户自定义函数上也同样可用。例如，对自定义的 gg(name, price)函数可以使用任何表达式作为实参。

修改【例 7.4】中调用函数的代码如下：

```
goods("冰箱" *4, 4600)
```

保存并运行程序，输出结果如下：

```
名称: 冰箱冰箱冰箱冰箱
价格: 4600
```

可以用字符串的乘法表达式作为实参。作为实参的表达式，会在函数调用之前执行，因此在上面的例子中，表达式"冰箱"*4 只执行一次。

变量也可以作为实参，例如：

```
aa="冰箱"
goods (aa, 4600)
```

由此可见，实参的名称和函数定义中的名称没有关系。

7.6　变量作用域

在 Python 中，程序的变量并不是在哪个位置都可以访问，访问权限决定于这个变量是在哪里赋值的。变量的作用域决定了在哪一部分程序可以访问哪个特定的变量名称。

变量作用域包括全局变量和局部变量。其中，定义在函数内部的变量拥有一个局部作用域，定义在函数外的变量拥有全局作用域。

在函数外定义的变量属于全局变量，用户可以在函数内使用全局变量。例如：

```
x = 100
def get(y = x+100):return y
```

```
print(get())
```

输出结果如下：

```
200
```

在本案例中，x 就是一个全局变量。在函数 get(y = x+100)中，将变量 x 的值加 100 后赋给变量 y。

当用户在函数内定义的变量名称与全局变量名称相同时，函数内定义的变量不会改变全局变量的值。因为函数内定义的变量属于局部命名空间，而全局变量则属于全局命名空间。例如：

```
x = 100
def changex():
    x = 200
    return x

print(x)
print(changex())
```

输出结果如下：

```
100
200
```

在本示例中，第一次调用的 x 为全局变量，第二次调用的 x 为局部变量。

如果要在函数内改变全局变量的值，就必须使用 global 关键字。例如：

```
x = 100
def changex():
    global x
    x = 200
    return x

print(changex())
print(x)
```

输出结果如下：

```
200
200
```

在本示例中，首先定义一个全局变量 x，然后定义函数 changex()，该函数通过使用 global 关键字，将 x 的值修改为 200。

7.7　返回函数

在 Python 语言中，函数不仅可以作为其他函数的参数，还可以作为其他函数的返回结果。下面通过示例来学习返回函数的用法。

```
def f1(c,f):
    def f2():
        return f(c)
    return f2
#调用 f1 函数时，返回的是 f2 函数对象
print(f1(-100,abs))
m = f1(-100,abs)
print(m())                      #需要对 m() 调用才能得到求绝对值的结果
```

输出结果如下：

```
<function f1.<locals>.f2 at 0x022DA778>
100
```

从运行结果可以看出，直接调用 f1()函数时，没有返回求绝对值的结果，而是返回了一串字符（这串字符其实就是函数）。当执行 m()函数时，才真正计算绝对值的结果。

在上述示例中，f1()函数又定义了一个 f2()函数，并且内部函数 f2()可以引用外部函数 f1()的参数。

注意：当调用 f1()函数时，每次调用都会返回一个新的函数，即使传入相同的参数也是如此。例如：

```
def f1(c,f):
    def f2():
        return f(c)
    return f2

m1=f1(-200,abs)
m2=f1(-200,abs)
print("m1==f2 的结果为：",m1==m2)
```

输出结果如下：

```
m1==f2 的结果为： False
```

从运行结果可以看出，返回的函数 m1 和 m2 不同。

如果在一个内部函数中对外部作用域（不是全局作用域）的变量进行引用，内部函数就称为闭包。例如：

```
def f1(n):
    def f2(x):
        return (x+n)
    return f2
p1 = f1(2)
print(p1(6))
```

输出结果如下：

上述示例中，函数 f2 对函数 f1 的参数 n 进行了引用，将带参数的函数 f1 赋值给一个新的函数 p1。当函数 f1 的生命周期结束时，已经引用的变量 n 存放在函数 f2 中，依然可以调用。

【例 7.5】在闭包中引用循环参数（源代码\ch07\7.5.py）。

```
def count():
    fs = []
    for i in range(1, 4):
        def f():
            return i*i
        fs.append(f)
    return fs

f1, f2, f3 = count()
print(f1())
print(f2())
print(f3())
```

在本示例中，每次循环都创建一个新函数，最后 3 个函数都返回了。那么执行该函数得到的结果是什么？

保存并运行程序，输出结果如下：

```
9
9
9
```

从运行结果可以看出，3 个函数返回的结果均为 9。此时读者可能会有疑问，为什么调用函数 f1()、f2() 和 f3() 的结果不是 1、4 和 9 呢？

出现上述结果的原因是返回的函数引用了变量 i，但并非立刻执行，等到 3 个函数都返回时，它们所引用的变量 i 已经变成了 3，因此最终结果均为 9。

注意：尽量避免在闭包中引用循环变量或者后续会发生变化的变量，否则会出现意外情况。

如果一定需要引用循环变量，那么可以增加一个函数，并且使用该函数的参数绑定循环变量当前的值。例如将上面的示例修改如下：

【例 7.6】在闭包中引用循环变量，绑定循环变量当前的值（源代码\ch07\7.6.py）。

```
def count():
    fs = []
    for i in range(1,4):
        def g(a):    #定义一个 g 函数，参数为 a，函数 f 的返回值被绑定
            f = lambda : a*a
            return f
        fs.append(g(i))
    return fs
f1,f2,f3 =count()
print(f1())
print(f2())
print(f3())
```

保存并运行程序，输出结果如下：

```
1
4
9
```

7.8　递归函数

在 Python 语言中，如果一个函数在调用时直接或间接地调用了自身，就称为函数的递归调用，该函数就称为递归函数。

由于函数在定义时都会在栈中分配好自己的形参与局部变量副本，这些副本与该函数再次执行时不会产生任何影响，因此使得递归调用成为可能。

7.8.1　使用递归函数

递归是指在函数执行过程中再次对自己进行调用。例如：

```
def f()
{
    y=f();
    return y;
}
```

该程序的执行过程如图 7-1 所示。

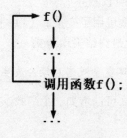

图 7-1　递归过程

在函数 f()中按照由上至下的顺序执行，当遇到对自身的调用时，再返回函数 f()的起始处，继续由上至下进行处理。

例如，计算阶乘 n! = 1 * 2 * 3 * ... * n，用函数 f(n)表示，可以看出：

```
f(n) = n! = 1 * 2 * 3 * ... * (n-1) * n = (n-1)! * n = fact(n-1) * n
```

所以，f(n)可以表示为 n*fact(n-1)，只有 n=1 时需要特殊处理。

【例 7.7】使用函数的递归调用对 n 的阶乘进行求解并输出结果（源代码\ch07\7.7.py）。

```
def f(n):
    if n==1:                    #当 n=1 时，进行特殊处理
        return 1
```

```
    return n* f(n-1)      #递归调用

n= int(input("请输入 n 的值: "))
print("调用递归函数的执行结果为: ",f(n))
```

保存并运行程序，输出结果如下：

```
请输入 n 的值: 6
调用递归函数的执行结果为: 720
```

本示例演示了如何对函数进行递归调用。在上面的代码中，首先定义函数 f()，该函数用于对 n 的阶乘进行求解。其中，若 n=1，则阶乘为 1；否则调用函数 f()对 n 的阶乘进行求解，最后输出计算结果。

求 n 的阶乘即计算 n* f(n-1)的值。6 的阶乘的计算过程如下：

```
===>f(6)
===>6*f(5)
===>6*5*f(4)
===>6*5*4 *f(3)
===>6*5*4 * 3 *f(2)
===>6*5*4 * 3 * 2*f(1)
===>6*5*4 * 3 * 2*1
===>720
```

7.8.2 利用递归函数解决汉诺塔问题

汉诺塔问题源于印度一个古老的传说：有 3 根柱子，首先在第一根柱子从下向上按照大小顺序摆放 64 片圆盘；然后将圆盘从下开始同样按照大小顺序摆放到另一根柱子上，并且规定小圆盘上不能摆放大圆盘，在 3 根柱子之间每次只能移动一个圆盘；最后移动的结果是将所有圆盘通过其中一根柱子全部移动到另一根柱子上，并且摆放顺序不变。

以移动 3 个圆盘为例，汉诺塔的移动过程如图 7-2 所示。

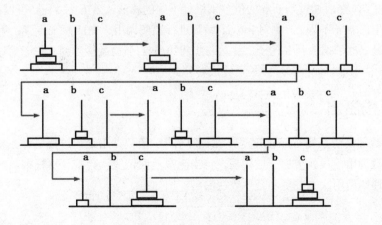

图 7-2　汉诺塔的移动过程

【例 7.8】使用递归算法解决汉诺塔问题，并将解决步骤输出在屏幕上（源代码\ch07\7.8.py）。

```python
def move(n, a, b, c):      #n 为需要移动圆盘的个数
    if n==1:
        print (a,'-->',c)
        return
    else:
        move(n-1,a,c,b)       #首先需要把(n-1)个圆盘移动到 b
        move(1,a,b,c)         #将 a 的最后一个圆盘移动到 c
        move(n-1,b,a,c)       #再将 b 的(n-1)个圆盘移动到 c
move(4, 'A', 'B', 'C')
```

保存并运行程序，输出结果如下：

```
A --> B
A --> C
B --> C
A --> B
C --> A
C --> B
A --> B
A --> C
B --> C
B --> A
C --> A
B --> C
A --> B
A --> C
B --> C
```

在上面的代码中，首先定义 move()函数，该函数有 4 个形参，分别是 n、a、b、c，其中 a、b、c 用于模拟 3 根柱子。然后通过判断 n 的值分别进行不同的移法，若 n 为 1，则可以直接将圆盘从 a 柱子移动到 c 柱子；若 n 不为 1，则对 move()函数进行递归调用。完成两个步骤：第一步将(n-1)个圆盘从 a 柱子通过 c 柱子摆放到 b 柱子上；第二步将第(n-1)个圆盘移动到 b 柱子后，由 b 柱子通过 a 柱子再移动到 c 柱子上。如此循环，最后完成转移。

7.8.3 防止栈溢出

使用递归函数需要防止栈（stack）溢出。在计算机中，函数调用是通过栈这种数据结构实现的，每当进入一个函数调用，栈就会加一层栈帧，每当函数返回，栈就会减一层栈帧。因为栈的大小不是无限的，所以递归调用次数过多，会导致栈溢出。例如：

```python
def f(n):
    if n==1:                    #当 n=1 时，进行特殊处理
        return 1
    return n* f(n-1)           #递归调用
print("调用递归函数的执行结果为：",f(1000))
```

输出结果如下：

```
Traceback (most recent call last):
  File "<stdin>", line 1, in <module>
  File "<stdin>", line 4, in f
  File "<stdin>", line 4, in f
  File "<stdin>", line 4, in f
  [Previous line repeated 995 more times]
  File "<stdin>", line 2, in f
RecursionError: maximum recursion depth exceeded in comparison
```

从运行结果可以看出，执行出现异常，提示超过最大递归深度。

解决递归调用栈溢出的方法是通过尾递归优化。事实上，尾递归与循环的效果是一样的，所以也可以把循环看成一种特殊的尾递归函数。

尾递归是指在函数返回时调用函数本身，并且 return 语句不能包含表达式。这样，编译器或解释器就可以对尾递归进行优化，使递归本身无论调用多少次，都只占用一个栈帧，不会出现栈溢出的情况。

上面的 f(n) 函数，由于 return n * f(n-1) 引入了乘法表达式，因此不是尾递归。要改成尾递归方式，就需要多一些代码，主要是把每一步的乘积传入递归函数中：

```
def f (n):
    return f1(n, 1)
def f1(num, product):
    if num == 1:
        return product
    return f1(num - 1, num * product)
```

可以看到，return f1(num-1, num * product) 仅返回递归函数本身。其中，num-1 和 num * product 在函数调用前就会被计算，不影响函数调用。

f(6) 对应的 f1(6,1) 的调用如下：

```
===> f1(5, 1)
===> f1(5, 6)
===> f1(4, 30)
===> f1(3, 120)
===> f1(2, 360)
===> f1(1, 720)
===> 720
```

尾递归调用时，若进行了优化，则栈不会增长，因此无论调用多少次都不会导致栈溢出。

7.9　匿名函数

所谓匿名函数，指不使用 def 语句这样的标准形式定义的函数。Python 将使用 lambda 创建一个匿名函数。

下面定义一个返回参数之和的函数。

```
def f(x,y):
return x+y
```

用户的函数只有一个表达式，可以使用 lambda 运算符来定义这个函数。

```
f = lambda x, y: x + y
```

那么，lambda 表达式有什么用处呢？很多人提出了这样的质疑，lambda 与普通的函数相比，就是省去了函数名称而已，同时这样的匿名函数又不能共享在别的地方调用。

其实，Python 中的 lambda 还是有很多优点的，主要说明如下：

（1）在 Python 中写一些执行脚本时，使用 lambda 可以省去定义函数的过程，让代码更加精简。

（2）对于一些抽象的、不会在其他地方重复使用的函数，取名字也是一个难题，使用 lambda 则不需要考虑命名的问题。

（3）在某些时候，使用 lambda 会让代码更容易理解。

当然，匿名函数也有一些规则需要谨记：

（1）若只有一个表达式，则必须有返回值。

（2）可以没有参数，也可以有一个或多个参数。

（3）不能有 return。

在 lambda 语句中，冒号前面是参数，可以有多个，用逗号隔开；冒号后面是返回值。lambda 语句构建的其实是一个函数对象。

例如，求取 x 的平方值：

```
g = lambda x : x**2
print (g)
print (g(6))
```

输出结果如下：

```
<function <lambda> at 0x02CDA778>
36
```

7.10 偏 函 数

Python 的 functools 模块提供了很多有用的功能，其中一个就是偏函数（Partial Function）。注意，这里的偏函数和数学意义上的偏函数不一样。

通过设置参数的默认值，可以降低函数调用的难度，偏函数也可以做到这一点。

例如，int()函数可以把字符串转换为整数，当仅传入字符串时，int()函数默认按十进制转换：

```
>>>print(int('2888'))
2888
```

int()函数还提供了 base 参数，默认值为 10。如果传入 base 参数，就可以进行 N 进制的转换：

```
>>>print(int('123456', base=8))
42798
>>>print(int('123456', 16))        #base 也可以省略，直接传入 base 的值
1193046
```

假设要转换大量的二进制字符串，而每次都传入 int(x, base=2)就会非常麻烦，这里可以定义一个 int2()函数，默认把 base=2 传进去：

```
>>>def int2(x, base=2):
...     return int(x, base)
...
>>>print(int2('1001000'))
72
>>>print(int2('1000011'))
67
>>>print(int2('1001110'))
78
```

functools.partial 就是帮助用户创建偏函数的，不需要再自定义 int2()函数，可以直接使用下面的代码创建一个新的函数 int2：

```
>>>from functools import partial
>>>int2 = partial(int, base=2)
>>>print(int2('1001000'))
72
>>>print(int2('1000011'))
67
>>>print(int2('1001110'))
78
78
```

可见，functools.partial 的作用就是把一个函数的某些参数固定住（设置默认值），返回一个新函数，调用这个新函数会更简单。

注意：int2 函数仅仅是把 base 参数的默认值重新设置为 2，也可以在函数调用时传入其他值：

```
>>>print(int2('1000000', base=10))
1000000
```

当函数的参数数量太多、需要简化时，使用 functools.partial 可以创建一个新函数，这个新函数可以固定住原函数的部分参数，从而使调用更简单。

第8章

类与对象

面向对象编程（Object Oriented Programming，OOP）是一种程序设计方法，它的核心就是将现实世界中的概念、过程和事务抽象成为 Python 中的模型，使用这些模型进行程序的设计和构建。因为 Python 是一种面向对象的语言，所以要想熟练使用 Python 语言，就一定要掌握类和对象的使用。本章将介绍面向对象的基本概念、面向对象的 3 个重要特征（封装性（Encapsulation）、继承性（Inheritance）、多态性（Polymorphism））及声明创建类和对象的方法。

8.1　理解面向对象程序设计

面向对象技术是一种将数据抽象和信息隐藏的技术，它使软件的开发更加简单化，符合人们的思维习惯，降低了软件的复杂性，同时提高了软件的生产效率，因此得到广泛的应用。

8.1.1　什么是对象

对象（object）是面向对象技术的核心。可以把我们生活的真实世界看成是由许多大小不同的对象所组成的。对象是指现实世界中的对象在计算机中的抽象表示，即仿照现实对象而建立的。

（1）对象可以是有生命的个体，如一个人（见图 8-1）或一只鸟（见图 8-2）。

图 8-1　人　　　　图 8-2　鸟

（2）对象也可以是无生命的个体，如一辆汽车（见图 8-3）或一台计算机（见图 8-4）。

图 8-3 汽车

图 8-4 计算机

（3）对象还可以是一个抽象的概念，如天气的变化（见图 8-5）或鼠标（见图 8-6）所产生的事件。

图 8-5 天气

图 8-6 鼠标

对象是类的实例化。对象分为静态特征和动态特征两种。静态特征指对象的外观、性质、属性等，动态特征指对象具有的功能、行为等。客观事物是错综复杂的，人们总是习惯从某一目的出发，运用抽象分析的能力从众多特征中抽取具有代表性、能反映对象本质的若干特征加以详细研究。

人们将对象的静态特征抽象为属性，用数据来描述，在 Python 语言中称为变量。将对象的动态特征抽象为行为，用一组代码来表示，完成对数据的操作，在 Python 语言中称为方法（method）。一个对象由一组属性和一系列对属性进行操作的方法构成。

在计算机语言中也存在对象，可以定义为相关变量和方法的软件集。对象主要由下面两部分组成：

（1）一组包含各种类型数据的属性。

（2）对属性中的数据进行操作的相关方法。

在 Python 中，对象包括内置对象、自定义对象等多种类型，使用这些对象可以大大简化 Python 程序的设计，并提供直观、模块化的方式进行程序开发。

8.1.2　面向对象的特征

面向对象方法（Object-Oriented Method）是一种把面向对象的思想应用于软件开发过程中指导开发活动的系统方法，简称 OO（Object-Oriented）方法。面向对象是建立在"对象"概念基础上的方法学。对象是由数据和容许的操作组成的封装体，与客观实体有着直接对应的关系。一个对象类定义了具有相似性质的一组对象，而继承性是对具有层次关系的类的属性和操作进行共享的一种方式。所谓面向对象，就是基于对象的概念，以对象为中心，以类和继承为构造机制，来认识、理解、刻画客观世界与设计、构建相应的软件系统。

所有面向对象的编程设计语言都有 3 个特性，即封装性、继承性和多态性。

（1）封装性：数据仅能通过一组接口函数来存取，经过封装的数据能够确保信息的隐密性。

（2）继承性：通过继承的特性，派生类（derived class）继承了其基类（base class）的成员变量（data member）与类方法（class method）。派生类也叫作次类（subclass）或子类（child class），基类也叫作父类（parent class）。

（3）多态性：多态允许一个函数有多种不同的接口。依照调用函数时使用的参数，类知道使用哪一种接口。Python 使用动态类型（dynamic typing）与后期绑定（late binding）实现多态功能。

Python 有完整的面向对象特性，面向对象程序设计提升了数据的抽象度、信息的隐藏、封装及模块化。

8.1.3　什么是类

将具有相同属性及相同行为的一组对象称为类（class）。广义地讲，具有共同性质的事物的集合称为类。在面向对象程序设计中，类是一个独立的单位，它有一个类名，其内部包括成员变量和成员方法，分别用于描述对象的属性和行为。

类是一个抽象的概念，要利用类的方式来解决问题，必须先用类创建一个实例化的对象，然后通过对象访问类的成员变量及调用类的成员方法来实现程序的功能。就如同"手机"本身是一个抽象的概念，只有使用了一个具体的手机，才能感受到手机的功能。

类是由使用封装的数据及操作这些数据的接口函数组成的一群对象的集合，类可以说是创建对象时所使用的模板（template）。

8.2　类的定义

类是一个用户定义类型，与大多数计算机语言一样。Python 使用关键字 class 来定义类，其语法格式如下：

```
class <ClassName>:
    '类的帮助信息'    #类文档字符串
class_suite  #类体
```

其中，ClassName 为类的名称，类的帮助信息可以通过 ClassName.__doc__ 查看，class_suite 由类成员、方法、数据属性组成。

下面的示例创建一个简单的类 Fruits。

```
class Fruits
"这是一个定义水果类的例子"
    fruCount = 0

    def displayFruits(self):
        Fruits.fruCount += 1
        print ("这是一个水果类的例子 ")
```

示例代码分析如下：

（1）fruCount 是一个类变量，它的值将在这个类的所有实例之间共享。用户可以在内部类或外部类使用 Fruits.fruCount 访问。

（2）self 代表类的实例，虽然它在调用时不必传入相应的参数，但在定义类的方法时是必须有的。

（3）displayFruits(self)是此类的方法，属于方法对象。

8.3 类的构造方法

所谓构造方法（constructor），是指创建对象时其本身所运行的函数。Python 使用__init__()函数作为对象的构造方法。当用户要在对象内指向对象本身时，可以使用 self 关键字。Python 的 self 关键字与 C++的 this 关键字一样，都代表对象本身。例如：

```
class Fruits:
"这是一个定义水果类的例子"
    fruCount = 0

    def __init__(self, name, price):
       self.name = name
       self.price = price
       Fruits.fruCount += 1

    def displayFruits(self):
        print ("名称 : ", self.name, ", 价格: ", self.price)
```

def __init__(self)语句定义 Fruits 类的构造方法，self 是必要的参数且为第一个参数。用户可以在__init__()构造方法内加入许多参数，在创建类的同时设置类的属性值。

【例 8.1】创建类的构造方法（源代码\ch08\8.1.py）。

```
#类定义
class Fruit:
    #定义基本属性
    name = ' '
    city= ' '
    #定义私有属性，私有属性在类外部无法直接访问
    __price= 0
    #定义构造方法
    def __init__(self,n,c,p):
       self.name = n
       self.city = c
       self.__price = p
    def displayFruit (self):
        print("%s 产的%s 很好吃。价格为每公斤%s 元。" %( self.city,self.name,
```

```
self.__price))

    # 实例化类，也就是创建对象 f
    f = Fruit ('苹果', '天水',8.86)
    f.displayFruit()
```

保存并运行程序，输出结果如下：

天水产的苹果很好吃。价格为每公斤 8.86 元。

8.4 创建对象

类相当于一个模板，根据模板来创建对象，就是类的实例化，所以对象也被称为"实例"。要创建一个对象，只需指定对象名与类名称即可。例如：

```
f = Fruit()
```

f 是一个对象名称，注意类名称之后必须加上小括号。

【例 8.2】创建一个简单类，并设置类的 3 个属性（name、city 与 price），然后创建两个对象（源代码\ch08\8.2.py）。

```
class Fruit:
    def __init__(self, name=None, city=None, price= None):
        self.name = name
        self.city = city
        self.price = price

#创建一个对象 f
f = Fruit ("葡萄", "吐鲁番", 5.88)
print(f.name, f.city, f.price)
#创建一个对象 h
h = Fruit("香蕉", "海南", 3.66)
print(h.name, h.city, h.price)
```

保存并运行程序，输出结果如下：

葡萄 吐鲁番 5.88
香蕉 海南 3.66

在这个类的构造方法中，设置 name、city 与 price 的默认值均为 None。

在创建类的时候，可以不必声明属性。等到创建类的对象后，再动态创建类的属性。例如：

```
class myFruit:
    pass

x = myFruit ()
x.name = "苹果"
```

如果想测试一个类实例 b 是不是类 a 的实例，可以使用内置函数 isinstance(instance_object, class_object)。其中，instance_object 是一个类的实例对象，class_object 是一个类对象。该函数可以测试 instance_object 是不是 class_object 的实例，如果是，就返回 True，否则返回 False。例如：

```
class a:
    pass

b = a()
print(isinstance(b, a))
```

输出结果如下：

```
True
```

从结果可以看出，类实例 b 是类 a 的实例。

用户可以在类内定义类变量，同时这些类变量可以被该类的所有实例变量共享。

下面创建一个类 Student，并定义一个类变量 default_age：

```
class Student:
    default_age = 18                        #类变量
    def __init__(self):
        self.age = Student.default_age      #实例变量的变量

print(Student.default_age)
x = Student()
print(x.age, x.default_age)
```

输出结果如下：

```
18
18 18
```

在 Student 类的构造方法中，设置类实例 s 的 age 属性值是类变量 default_age 的值。default_age 是一个类变量，因为 Student 类有 default_age 属性，所以类实例 s 也会有 default_age 属性。age 是一个实例的变量，Student 类不会有 age 属性，只有类实例 s 有 age 属性。

注意：引用 default_age 类变量时，必须使用 Student.default_age，不能只使用 default_age。因为类内函数的全域名称空间是定义该函数所在的模块，而不是该类，如果只使用 default_age，Python 就会找不到 default_age 的定义所在。

例如：

```
class Student:
    default_age = 16
    def __init__(self):
        self.age = default_age

s=Student()
```

输出的错误信息如下：

```
Traceback (most recent call last):
  File "<pyshell#9>", line 1, in <module>
    s=Student()
  File "<pyshell#8>", line 4, in __init__
    self.age = default_age
NameError: name 'default_age' is not defined
```

如果将实例变量的名称设置成与类变量的名称相同，Python 就会使用实例变量的名称。例如：

```
class Student:
    default_age = 16                    #类变量
    def __init__(self, age):
        self.default_age = age          #实例变量

print(Student.default_age)
s = Student(18)
print(s.default_age, s.default_age)
```

输出结果如下：

```
16
18 18
```

注意：实例有两个属性，其名称都是 default_age。由于 Python 会先搜索实例变量的名称，然后才搜索类变量的名称，因此 default_age 的值是 18，而不是 16。

8.5　类的继承

所谓类的继承，就是新类继承旧类的属性与方法，这种行为称为派生子类（subclassing）。继承的新类称为派生类，被继承的旧类则称为基类。当用户创建派生类后，就可以在派生类内新增或改写基类的任何方法。

派生类的语法如下：

```
class <类名称> [(基类1,基类2, ...)]:
    ["文件字符串"]
<语句>
```

一个派生类可以同时继承自多个基类，基类之间以逗号（,）隔开。

下面是一个基类 A 与一个基类 B：

```
class A:
    pass


class B:
    pass
```

下面是一个派生类 C 继承自一个基类 A：

```
class C(A):
    pass
```

下面是一个派生类 D 继承自两个基类 A 与 B：

```
class D(A, B):
    pass
```

1. 派生类的构造方法

下面是一个基类的定义：

```
class Student:
    def __init__(self, name, sex, phone):
        self.name = name
        self.sex = sex
        self.phone = phone
    def printData(self):
        print ("姓名: ", self.name)
        print ("性别: ", self.sex)
        print ("电话: ", self.phone)
```

这个基类 Student 有 3 个成员变量，即 name（姓名）、sex（性别）及 phone（电话），并且定义了两个函数。

（1）__init__()函数：Student 类的构造方法。

（2）printData()函数：用来打印成员变量的数据。

下面创建一个 Student 类的派生类：

```
class Person(Student):
    def __init__(self, name, sex, phone):          #派生类的构造方法
        Student.__init__(self, name, sex, phone)   #调用基类的构造方法
```

派生类的构造方法必须调用基类的构造方法，并使用完整的基类名称。Student.__init__(self, name, sex, phone)中的 self 参数用来告诉基类现在调用的是哪一个派生类。

下面创建一个派生类 Person 的实例变量，并且调用基类 Student 的函数 printData()打印出数据。

```
x = Person("张小明", "女", "12345678")
x.printData()
```

输出结果如下：

```
姓名: 张小明
性别: 女
电话: 12345678
```

2. 名称空间的搜索顺序

当用户在类内编写函数时，要记得类函数名称空间的搜索顺序是：类的实例→类→基类。

下面定义三个类：A、B 和 C。B 继承自 A，C 继承自 B。A、B、C 三个类都有一个相同名称的函数——printName()。

【例 8.3】创建 A、B、C 三个类的实例，并调用 printName()函数（源代码\ch08\8.3.py）。

```python
class A:
    def __init__(self, name):
        self.name = name
    def printName(self):
        print ("这是类 A 的 printName()函数, name = %s" % self.name)
class B(A):
    def __init__(self, name):
        A.__init__(self, name)
    def printName(self):
        print ("这是类 B 的 printName()函数, name = %s" % self.name)
class C(B):
    def __init__(self, name):
        B.__init__(self, name)
    def printName(self):
        print ("这是类 C 的 printName()函数, name = %s" % self.name)

print(A("王小玲").printName())
print(B("张一飞").printName())
print(C("刘天佑").printName())
```

输出结果如下：

```
这是类 A 的 printName()函数, name = 王小玲
None
这是类 B 的 printName()函数, name = 张一飞
None
这是类 C 的 printName()函数, name = 刘天佑
None
```

示例中代码分析如下：

（1）A("王小玲").printName()调用 A 类的 printName()函数。

（2）B("张一飞").printName()会先调用 B 类的 printName()函数，因为已经找到一个 printName()函数，所以不会继续往 A 类查找。

（3）("刘天佑").printName()会先调用 C 类的 printName()函数，因为已经找到一个 printName()函数，所以不会继续往 B 类与 A 类查找。

3. 类的多继承

Python 同样有限地支持多继承形式。

【例 8.4】类的多继承（源代码\ch08\8.4.py）。

```python
#类定义 speaker
class people:
    #定义基本属性
    name = ''
    age = 0
    #定义私有属性，私有属性在类外部无法直接进行访问
    __weight = 0
    #定义构造方法
    def __init__(self,n,a,w):
        self.name = n
        self.age = a
        self.__weight = w
    def speak(self):
        print("%s 说: 我 %d 岁。" %(self.name,self.age))


#单继承
class student(people):
    grade = ''
    def __init__(self,n,a,w,g):
        #调用父类的构造函数
        people.__init__(self,n,a,w)
        self.grade = g
    #覆盖父类的方法
    def speak(self):
        print("%s 说: 我 %d 岁了，我在读 %d 年级"%(self.name,self.age,self.grade))

#定义类 speaker
class speaker():
    topic = ''
    name = ''
    def __init__(self,n,t):
        self.name = n
        self.topic = t
    def speak(self):
        print("我叫%s,我是一名人民教师,我演讲的主题是：%s"%(self.name,self.topic))

#多重继承
class sample(speaker,student):
    a =''
    def __init__(self,n,a,w,g,t):
        student.__init__(self,n,a,w,g)
        speaker.__init__(self,n,t)

test = sample("王小孟",25,80,4,"加强网络安全的策略")
test.speak()    #两个父类中都有 speak()，默认调用排在前面的父类 speaker 的方法
```

输出结果如下：

我叫王小孟，我是一名人民教师，我演讲的主题是：加强网络安全的策略

8.6 类的多态

所谓类的多态，就是指类可以有多个名称相同、参数类型却不同的函数。Python 并没有明显的多态特性，因为 Python 函数的参数不必声明数据类型。但是 Python 利用动态数据类型仍然可以处理对象的多态。

因为使用动态数据类型，所以 Python 必须等到运行该函数时才能知道该函数的类型，这种特性称为运行期绑定（runtime binding）。

C++将多态称为方法重载（method overloading），允许类内有多个名称相同，参数却不同的函数存在。但是 Python 却不允许这样做，如果用户在 Python 的类内声明多个名称相同，参数却不同的函数，那么 Python 会使用类内最后一个声明的函数。例如：

```
class myClass:
    def __init__(self):
        pass
    def handle(self):
        print ("3 arguments")
    def handle(self, x):
        print ("1 arguments")
    def handle(self, x, y):
        print ("2 arguments")
    def handle(self, x, y, z):
        print ("3 arguments")
x = myClass()
x.handle(1, 2, 3)
x.handle(1)
```

输出结果如下：

```
3 arguments
Traceback (most recent call last):
  File "D:\codehome\python\ch08\8.4.1.py", line 14, in <module>
    x.handle(1)
TypeError: myClass.handle() missing 2 required positional arguments: 'y' and
'z'
```

在上面的示例中，当调用 myClass 类中的 handle()函数时，Python 会使用有 3 个参数的函数 handle(self, x, y, z)。因此，当只提供一个参数时，Python 会输出一个 TypeError 异常。

要解决这个问题，必须使用下面的方法。虽然在 myClass 类中声明的函数名称都不相同，但是可以利用 handle()函数的参数数目来决定要调用类中的哪一个函数。

```
class myClass:
```

```
    def __init__(self):
        pass
    def handle(self, *arg):
        if len(arg) == 1:
            self.handle1(*arg)
        elif len(arg) == 2:
            self.handle2(*arg)
        elif len(arg) == 3:
            self.handle3(*arg)
        else:
            print ("Wrong arguments")
    def handle1(self, x):
        print ("1 arguments")
    def handle2(self, x, y):
        print ("2 arguments")
    def handle3(self, x, y, z):
        print ("3 arguments")
x = myClass()
print(x.handle())
print(x.handle(1))
print(x.handle(1, 2))
print(x.handle(1, 2, 3))
print(x.handle(1, 2, 3, 4))
```

输出结果如下：

```
Wrong arguments
None
1 arguments
None
2 arguments
None
3 arguments
None
Wrong arguments
None
```

8.7 类的封装

所谓类的封装，就是指类将其属性（变量与方法）封装在该类内，只有该类中的成员，才可以使用该类中的其他成员。这种被封装的变量与方法称为该类的私有变量（private variable）与私有方法（private method）。

Python 类中的所有变量与方法都是公用的（public）。只要知道该类的名称与该变量或方法的名称，任何外部对象都可以直接存取类中的属性与方法。

例如，f 是 Fruits 类的实例变量，name 是 Fruits 类的变量，利用 f.name 就可以存取 Fruits 类中的 name 变量。

```python
class Fruits:
    def __init__(self):
        self.name = None
f = Fruits()
f.name = "苹果"
a = f.name
print (a)
```

输出结果如下：

苹果

要做到类的封装，必须遵循以下两个原则：

（1）如果属性（变量与方法）名称的第一个字符是单下画线，那么该属性视为类的内部变量，外面的变量不可以引用该属性。

（2）如果属性（变量与方法）名称的前两个字符都是单下画线，那么在编译时属性名称 attributeName 会被改成_className_attributeName，className 是该类的名称。由于属性名称之前加上了类的名称，因此与类中原有的属性名称有差异。

以上两个原则只是作为参考。Python 类中的所有属性仍然都是公用的，只要知道类与属性的名称，就可以存取类中的所有属性。例如：

```python
class Fruit:
    def __init__(self, value):
        self._n = value              #变量_n 的第一个字符是单下画线
        self.__n = value             #变量__n 的前两个字符都是单下画线
    def __func(self):                #函数的__func()前两个字符都是单下画线
        print (self._n + 1)


f = Fruit(5.88)
```

常见的正确与错误的调用方法如下：

```python
f._n                    #第一个字符是单下画线的变量_n，可以任意存取
f.__n                   #错误，因为__n 已经被改名为_Fruit__n
f._Fruit__n             #正确
f.__func()              #错误，因为__func()已经被改名为_Fruit__func()
f._Fruit__func()        #正确
```

类中的所有属性都存储在该类的命名空间（namespace）内。如果在类中存储了一个全域变量的值，此值就会被放置在该类的命名空间内。即使以后此全域变量的值被改变，类内的该值仍然保持不变。

例如，设置一个全域变量 a = 600，在类中使用 storeVar()函数存储该值，当全域变量 a 的值改变时，Fruit 类中的值仍然保持不变。

```python
class Fruit:
    a = 600
```

```
    def storeVar(self, x = a):
        return x

f = Fruit ()
print(f.storeVar())
a = 200
print(f.storeVar())
```

输出结果如下：

```
600
600
```

从结果可以看出，即使 a 的值被修改为 200，Fruit 类中变量 a 的值仍是 600。

8.8 垃圾回收机制

Python 使用了引用计数这一简单技术来跟踪和回收垃圾。在 Python 内部有一个跟踪变量，记录着所有使用中的对象各有多少引用，这个跟踪变量称为一个引用计数器。

当对象被创建时，就同时创建了一个引用计数器。当这个对象不再需要，其引用计数变为 0 时，就被作为垃圾回收。但回收不是"立即"的，而是由解释器在适当的时机将垃圾对象占用的内存空间回收。

```
x =100          #创建对象 <100>
y = x           #增加引用 <100> 的计数
z = [y]         #增加引用 <100> 的计数
del x           #减少引用 <100> 的计数
y = 200         #减少引用 <100> 的计数
z[0] = 150      #减少引用 <100> 的计数
```

垃圾回收机制可以针对引用计数为 0 的对象，也可以处理循环引用的情况。所谓循环引用，是指两个对象相互引用，但是没有其他变量引用它们。这种情况下，仅使用引用计数器是不够的。Python 的垃圾收集器实际上是一个引用计数器和一个循环垃圾收集器。作为引用计数器的补充，垃圾收集器也会留意被分配的总量很大（未通过引用计数器销毁）的对象。此时，解释器会暂停下来，试图清理所有未引用的循环。

当对象不再需要时，Python 将会调用__del__方法销毁对象。

【例 8.5】类的垃圾回收（源代码\ch08\8.5.py）。

```
class Student:
    def  init ( self, name="张小明", age=16):
        self.name = name
        self.age = age
    def  del (self):
        class name = self. class . name
        print (class name, "销毁对象")
```

```
aa = Student ()
bb = aa
cc = aa
print (id(aa), id(bb), id(cc))     # 打印对象的 id
del aa
del bb
del cc
```

保存并运行程序，输出结果如下：

```
1764141145232 1764141145232 1764141145232
Student 销毁对象
```

第9章

异常处理和程序调试

在程序开发过程中，程序员会尽量避免错误的发生，但总会发生一些不可预期的事情。例如，除法运算时被除数为 0、内存不足、栈溢出等。Python 语言提供了异常处理机制，用来处理这些不可预期的事情。本章将详细介绍异常的概念、捕获处理和抛出异常，最后介绍程序员如何自定义异常类和程序调试。

9.1　什么是异常

程序运行过程中总会遇到各种各样的错误。有的错误是程序编写有问题造成的，比如本该输出字符串，结果却输出整数，这种错误通常称为 bug，bug 是必须修复的。

有的错误是用户输入造成的，比如让用户输入 Email 地址，结果却得到一个空字符串，这种错误可以通过检查用户输入来进行相应的处理。

还有一种错误是完全无法在程序运行过程中预测的，比如在写入文件时磁盘满了，或者从网络抓取数据时网络突然断了，这种错误也称为异常（exception），在程序中是必须处理的，否则程序会因为各种问题终止并退出。

当 Python 解释器遇到一个无法预期的程序行为时，它就会输出一个异常，如遇到除以零，或者打开不存在的文件等。当 Python 解释器遇到异常情况时，它会停止程序的运行，然后显示一个追踪（traceback）信息。例如：

```
100 / 0
```

输出的错误信息如下：

```
Traceback (most recent call last):
  File "<pyshell#0>", line 1, in <module>
    100 / 0
```

```
ZeroDivisionError: division by zero
```

从运行结果可以看出，Python 解释器显示了一条追踪信息。其中，括号内的 most recent call last 表示异常发生在最近一次调用的表达式；<pyshell#0>表示异常发生在解释器输入；line 1 表示发生错误的行数；ZeroDivisionError 是内置异常的名称，其后的字符串是对此异常的描述。

提示：当程序代码中发生错误或事件时，程序流程就会被中断，然后跳至运行该异常的程序代码处。Python 有许多内置异常，并且这些异常已内置于 Python 语言中。

9.2　常见错误和异常

本节介绍 Python 编程中常见的错误和异常。

1. 缺少冒号引起错误

在 if、elif 、else、for、while、class、def 声明末尾需要添加 "："，如果忘记添加，就会提示 "SyntaxError：invalid syntax" 的语法错误。例如：

```
if x>10
    print("离家日趋远，衣带日趋缓。")
```

输出的错误信息如下：

```
SyntaxError: invalid syntax
```

2. 将赋值运算符=与比较运算符==混淆

如果误将=用作==，就会提示 SyntaxError:invalid syntax 的语法错误。例如：

```
if x=10:
    print("心思不能言，肠中车轮转。")
```

输出的错误信息如下：

```
SyntaxError : invalid synta
```

3. 代码结构的缩进错误

当代码结构的缩进量不正确时，常常会提示错误信息，如 IndentationError：unexpected indent、IndentationError：unindent does not match any outer indetation level 和 IndentationError：expected an indented block。例如：

```
a=3
if a>3:
    print ("江南可采莲，莲叶何田田，鱼戏莲叶间。")
else:
print ("涉江采芙蓉，兰泽多芳草。")
```

输出的错误信息如下：

```
IndentationError: expected an indented block
```

4. 修改元组和字符串的值时报错

元组和字符串的元素值是不能修改的，如果修改它们的元素值，就会提示错误信息。例如：

```
aa = (100, 200, 300)
# 以下修改元组元素的操作是非法的
aa[1] =400
```

输出的错误信息如下：

```
TypeError: 'tuple' object does not support item assignment
```

5. 连接字符串和非字符串

如果将字符串和非字符串连接，就会提示错误 TypeError: Can't convert 'int' object to str implicitly。例如：

```
a="涉江采芙蓉，兰泽多芳草。"
b=32
print (a+b)
```

输出的错误信息如下：

```
TypeError: can only concatenate str (not "int") to str
```

6. 在字符串首尾忘记加引号

字符串的首尾必须添加引号，如果没有添加或没有成对出现，就会提示错误 SyntaxError: EOL while scanning string literal。例如：

```
print(涉江采芙蓉，兰泽多芳草。')
```

输出的错误信息如下：

```
SyntaxError: invalid character in identifier
```

7. 变量或函数名拼写错误

如果函数名或变量拼写错误，就会提示错误 NameError: name 'ab' is not defined。例如：

```
a= '涉江采芙蓉，兰泽多芳草。'
print(ab)
```

输出的错误信息如下：

```
NameError: name 'ab' is not defined
```

8. 引用超过列表的最大索引值

如果引用超过列表的最大索引值，就会提示错误 IndexError: list index out of range。例如：

```
x =[ '汽车', '火车', '动车']
print(x[4])
```

输出的错误信息如下：

```
IndexError: list index out of range
```

9. 使用关键字作为变量名

Python 关键字不能用作变量名。Python 3 的关键字有 and、as、assert、break、class、continue、def、del、elif、else、except、False、finally、for、from、global、if、import、in、is、lambda、None、nonlocal、not、or、pass、raise、return、True、try、while、with、yield 等，如果使用这些关键字作为变量，就会提示错误 SyntaxError：invalid syntax。例如：

```
else= '春花秋月何时了'
```

输出的错误信息如下：

```
SyntaxError: invalid syntax
```

10. 变量没有初始值时使用增值操作符

当变量没有指定一个有效的初始值时，使用增值操作符将会提示错误 NameError: name 'obj' is not defined。例如：

```
a-=100
```

输出的错误信息如下：

```
Traceback (most recent call last):
  File "<pyshell#0>", line 1, in <module>
    a-=100
NameError: name 'a' is not defined
```

11. 误用自增和自减运算符

在 Python 语言中没有自增(++)或自减(--)运算符，如果误用，就会提示错误 SyntaxError: invalid syntax。例如：

```
>>>jj=10
>>>jj++
  File "<stdin>", line 1
    jj++
       ^
SyntaxError: invalid syntax
```

12. 忘记为方法的第一个参数添加 self 参数

在定义方法时，第一个参数必须是 self。如果忘记添加 self 参数，就会提示错误 TypeError: myMethod() takes 0 positional arguments but 1 was given。例如：

```
class Gs():
    def myMethod ():
        print('这是一个不错的方法')
g = Gs()
```

```
g.myMethod ()
```

输出的错误信息如下：

```
Traceback (most recent call last):
  File "<pyshell#5>", line 1, in <module>
    g.myMethod ()
TypeError: myMethod() takes 0 positional arguments but 1 was given
```

9.3　熟悉内置异常

Python 的内置异常定义在 exceptions 模块中，该模块在 Python 解释器启动时会自动加载。Python 内置异常类的结构如下：

```
BaseException
 +-- SystemExit
 +-- KeyboardInterrupt
 +-- GeneratorExit
 +-- Exception
     +-- StopIteration
     +-- StopAsyncIteration
     +-- ArithmeticError
     |    +-- FloatingPointError
     |    +-- OverflowError
     |    +-- ZeroDivisionError
     +-- AssertionError
     +-- AttributeError
     +-- BufferError
     +-- EOFError
     +-- ImportError
     +-- LookupError
     |    +-- IndexError
     |    +-- KeyError
     +-- MemoryError
     +-- NameError
     |    +-- UnboundLocalError
     +-- OSError
     |    +-- BlockingIOError
     |    +-- ChildProcessError
     |    +-- ConnectionError
     |    |    +-- BrokenPipeError
     |    |    +-- ConnectionAbortedError
     |    |    +-- ConnectionRefusedError
     |    |    +-- ConnectionResetError
     |    +-- FileExistsError
```

```
|   +-- FileNotFoundError
|   +-- InterruptedError
|   +-- IsADirectoryError
|   +-- NotADirectoryError
|   +-- PermissionError
|   +-- ProcessLookupError
|   +-- TimeoutError
+-- ReferenceError
+-- RuntimeError
|   +-- NotImplementedError
|   +-- RecursionError
+-- SyntaxError
|   +-- IndentationError
|       +-- TabError
+-- SystemError
+-- TypeError
+-- ValueError
|   +-- UnicodeError
|       +-- UnicodeDecodeError
|       +-- UnicodeEncodeError
|       +-- UnicodeTranslateError
+-- Warning
    +-- DeprecationWarning
    +-- PendingDeprecationWarning
    +-- RuntimeWarning
    +-- SyntaxWarning
    +-- UserWarning
    +-- FutureWarning
    +-- ImportWarning
    +-- UnicodeWarning
    +-- BytesWarning
    +-- ResourceWarning
```

常用异常类的含义如下：

- BaseException: 所有异常的基类。
- SystemExit: Python 解释器请求退出。
- KeyboardInterrupt: 用户中断执行。
- Exception: 常规错误的基类。
- StopIteration: 迭代器没有更多的值。
- GeneratorExit: 生成器（generator）发生异常通知退出。
- StandardError: 所有内置标准异常的基类。
- ArithmeticError: 所有数值计算错误的基类。
- FloatingPointError: 浮点计算错误。
- OverflowError: 数值运算超出最大限制。

- ZeroDivisionError：除（或取模）零（所有数据类型）。
- AssertionError：断言语句失败。
- AttributeError：对象没有这个属性。
- EOFError：没有内建输入，到达 EOF 标记。
- EnvironmentError：操作系统错误的基类。
- IOError：输入/输出操作失败。
- OSError：操作系统错误。
- WindowsError：系统调用失败。
- ImportError：导入模块/对象失败。
- LookupError：无效数据查询的基类。
- IndexError：序列中没有此索引。
- KeyError：映射中没有这个键。
- MemoryError：内存溢出错误（对于 Python 解释器不是致命的）。
- NameError：未声明/初始化对象（没有属性）。
- UnboundLocalError：访问未初始化的本地变量。
- ReferenceError：弱引用（weak reference）试图访问已经垃圾回收的对象。
- RuntimeError：一般的运行时错误。
- NotImplementedError：尚未实现的方法。
- SyntaxError：Python 语法错误。
- IndentationError：缩进错误。
- TabError：Tab 和空格混用。
- SystemError：一般的解释器系统错误。
- TypeError：对类型无效的操作。
- ValueError：传入无效的参数。
- UnicodeError：Unicode 相关的错误。
- UnicodeDecodeError：Unicode 解码时的错误。
- UnicodeEncodeError：Unicode 编码时的错误。
- UnicodeTranslateError：Unicode 转换时的错误。
- Warning：警告的基类。
- DeprecationWarning：关于被弃用的特征的警告。
- FutureWarning：关于构造将来语义会有改变的警告。
- OverflowWarning：旧的关于自动提升为长整型（long）的警告。
- PendingDeprecationWarning：关于特性将会被废弃的警告。
- RuntimeWarning：可疑的运行时行为（runtime behavior）的警告。
- SyntaxWarning：可疑的语法的警告。
- UserWarning：用户代码生成的警告。

下面选择经常使用的内置异常进行讲解。

（1）AssertionError：该异常在 assert 语句运行失败时输出。例如：

```
assert()
```

输出的错误信息如下：

```
Traceback (most recent call last):
  File "<pyshell#7>", line 1, in <module>
    assert()
AssertionError
```

（2）AttributeError：该异常在参考或设置属性失败时输出。例如：

```
class Gs:
    pass

g = Gs()
g.add
```

输出的错误信息如下：

```
Traceback (most recent call last):
  File "<pyshell#10>", line 1, in <module>
    g.add
AttributeError: 'Gs' object has no attribute 'add'
```

（3）ImportError：该异常在 Python 中找不到要加载的模块时输出。例如：

```
from sys import go
```

输出的错误信息如下：

```
Traceback (most recent call last):
  File "<pyshell#11>", line 1, in <module>
    from sys import go
ImportError: cannot import name 'go' from 'sys' (unknown location)
```

（4）IndexError：该异常在序数对象（列表、元组和字符串）的索引值超出范围时输出。例如：

```
x = [100, 200, 300, 400]
x[8]
```

输出的错误信息如下：

```
Traceback (most recent call last):
  File "<pyshell#13>", line 1, in <module>
    x[8]
IndexError: list index out of range
```

（5）FileNotFoundError：该异常在打开文件失败时输出。例如：

```
file = open("wenjian.txt", "r")
```

输出的错误信息如下：

```
Traceback (most recent call last):
```

```
File "<pyshell#14>", line 1, in <module>
   file = open("wenjian.txt", "r")
FileNotFoundError: [Errno 2] No such file or directory: 'wenjian.txt'
```

（6）KeyError：该异常在字典集内找不到键值时输出。例如：

```
x={"a":"1", "b":"2"}
x["c"]
```

输出的错误信息如下：

```
Traceback (most recent call last):
  File "<pyshell#19>", line 1, in <module>
    x["c"]
KeyError: 'c'
```

（7）KeyboardInterrupt：该异常在用户按 Ctrl+C 组合键（中断键）时输出。例如：

```
aa= input("是 Ctrl+C 组合键")
```

按 Ctrl+C 组合键，输出的错误信息如下：

```
Traceback (most recent call last):
  File "<pyshell#21>", line 1, in <module>
    aa= input("是 Ctrl+C 组合键")
KeyboardInterrupt
```

（8）LookupError：该异常在序数对象（列表、元组和字符串）与映射对象（字典）的键值或索引值无效时输出。该异常是 KeyError 与 IndexError 异常的基类。

```
s = u"Hello"
s.encode("UTF-64")
```

输出的错误信息如下：

```
Traceback (most recent call last):
  File "<pyshell#25>", line 1, in <module>
    s.encode("UTF-64")
LookupError: unknown encoding: UTF-64
```

（9）NameError：该异常在全域命名空间与区域命名空间内都找不到该名称时输出。例如：

```
gos
```

输出的错误信息如下：

```
Traceback (most recent call last):
  File "<pyshell#26>", line 1, in <module>
    gos
NameError: name 'gos' is not defined
```

（10）NotImplementedError：该异常是基类的虚拟方法没有在派生类内定义时输出。例如：

```
def myFunc():
```

```
     raise NotImplementedError

myFunc()
```

输出的错误信息如下：

```
Traceback (most recent call last):
  File "<pyshell#28>", line 1, in <module>
    myFunc()
  File "<pyshell#27>", line 2, in myFunc
    raise NotImplementedError
NotImplementedError
```

（11）OSError：该异常在操作系统有错误时输出，通常由 os 模块产生。例如：

```
import os
os.chdir("d:\pythons")
```

输出的错误信息如下：

```
Traceback (most recent call last):
  File "<pyshell#30>", line 1, in <module>
    os.chdir("d:\pythons")
FileNotFoundError: [WinError 2] 系统找不到指定的文件。: 'd:\\pythons'
```

（12）SyntaxError：该异常在语法错误时输出。例如：

```
import
```

输出的错误信息如下：

```
SyntaxError: invalid syntax
```

（13）TypeError：该异常在对象的函数或运算与其类型不符时输出。例如：

```
file = open(1, 2, 3)
```

输出的错误信息如下：

```
Traceback (most recent call last):
  File "<pyshell#35>", line 1, in <module>
    file = open(1, 2, 3)
TypeError: open() argument 'mode' must be str, not int
```

9.4　使用 try…except 语句处理异常

try…except 语句用于处理 Python 所输出的异常。其语法格式如下：

```
try:
    <语句>
except [<异常的名称> [, <异常类的实例变量名称>]]:
```

```
    <异常的处理语句>
[else:
    <没有异常产生时的处理语句>]
```

在中括号（[]）内的语法，表示是可以省略的。使用 try…except 语句的工作原理如下：

（1）执行 try 子句，即在关键字 try 和关键字 except 之间的语句。

（2）如果没有异常发生，就忽略 except 子句，try 子句执行后结束。

（3）如果在执行 try 子句的过程中发生了异常，那么 try 子句余下的部分将被忽略。如果异常的类型和 except 之后的名称相符，那么对应的 except 子句将被执行。

（4）如果一个异常没有与任何的 except 匹配，那么这个异常将会传递到上层的 try 中。

提示：*异常的名称可以是空白的，表示此 except 语句处理所有类型的异常。异常的名称也可以是一个或多个。可以使用不同的 except 语句处理不同的异常。*

例如下面捕捉 ZeroDivisionError 异常，并显示"数值不能除以零"的字符串：

```
try:
    12/0
except ZeroDivisionError:
    print("数值不能除以零")
```

输出结果如下：

```
数值不能除以零
```

【例 9.1】在一个 except 语句内捕捉 IndexError 与 TypeError 两个异常（源代码\ch09\9.1.py）。

```
s=[100,200,300,400]
def get (n):
    try:
        if n < 200:
            data = s[4]                #IndexError 异常
        else:
            file = open(100,200,300,400)            #TypeError 异常
    except (IndexError, TypeError):
            print ("发生异常")

get (100)
get (200)
```

保存并运行程序，输出结果如下：

```
发生异常
发生异常
```

下面将 IndexError 与 TypeError 两个异常分别使用不同的 except 语句进行处理。

【例 9.2】使用不同的 except 语句进行处理异常（源代码\ch09\9.2.py）。

```
a = [100, 200, 300,400]
def getn(n):
```

```
try:
    if n < 200:
        data = a[4]
    else:
        file = open(100,200,300,400)
except IndexError:
    print ("a 列表的索引值错误")
except TypeError:
    print ("open()函数的参数类型错误")

getn(100)
getn(300)
```

输出结果如下：

```
a 列表的索引值错误
open()函数的参数类型错误
```

9.5 全 捕 捉

在实际开发过程中，异常可能比较多，为了简便操作，可以一次性全捕捉所有预料的异常。下面使用一个 except 语句处理所有的异常。

【例 9.3】全捕捉所有的异常（源代码\ch09\9.3.py）。

```
a = [100, 200, 300,400]
def getn(n):
    try:
        if n < 200:
            data = s[4]
        else:
            file = open(100,200,300,400)
    except:
        print ("捕获所有的异常")

getn(100)
getn(300)
```

输出结果如下：

```
捕获所有的异常
捕获所有的异常
```

从运行结果可以看出，可以在 except 子句中忽略所有的异常类，从而让程序输出自定义的异常信息。

注意：这种全捕的方式在实际开发中需要特别注意，因为这样的捕获方式会捕获所有预先想到的错误。

9.6　异常中的 else

else 语句内的语句是没有异常发生时的处理程序。下面使用 else 语句处理没有异常时的情况。注意，使用 else 语句时，一定要有 except 语句才行。

【例 9.4】异常中的 else（源代码\ch09\9.4.py）。

```python
def get(n):
    try:
        if n == 100:
            data = s[4]
        elif 200 <= n <= 500:
            file = open(100,200,300)
    except:
        print ("有错误发生")
    else:
        print ("没有错误发生")

get(100)
get(300)
get(800)
```

输出结果如下：

```
有错误发生
有错误发生
没有错误发生
```

从运行结果可以看出，没有发生异常时，会执行 else 子句的流程。由此可见，当程序没有发送异常时，通过添加一个 else 子句，可以帮助我们更好地判断程序的执行情况。

9.7　异常中的 pass

用户可以在 except 语句内使用 pass 语句来忽略所发生的异常。

下面的例子将列表 a 内的所有元素相加，并输出元素相加的总和。

【例 9.5】异常中的 pass（源代码\ch09\9.5.py）。

```python
a = ["100", "200", "苹果", "香蕉", "100"]
sm = 0
for n in a:
    try:
        sm += int(n)
    except:
        pass
```

```
print (sm)
```

输出结果如下：

```
400
```

从运行结果可以看出，sm 的值是可转换的 3 个元素（"100"、"200"和"100"）的和。上述代码中的 int()函数将字符串转换为整数。当 int()函数无法将字符串转换为整数时，就会输出 ValueError 异常。在 except 语句内使用 pass 语句可以忽略所发生的 ValueError 异常。

9.8　异常类的实例

每当有一个异常被输出时，该异常类就会创建一个实例，此实例继承了异常类的所有属性。每一个异常类实例都有一个 args 属性。args 属性是一个元组格式，这个元组格式可能只包含错误信息的字符串（1-tuple），也可能包含两个以上的元素（2-tuple、3-tuple…）。异常类不同，这个元组格式也不同。

下面输出一个 IndexError 异常：

```
>>>x = [100, 200, 300]
>>>print (x[8])
Traceback (most recent call last):
  File "<stdin>", line 1, in <module>
IndexError: list index out of range
```

从运行结果可以看出，输出了一个 IndexError 异常，信息字符串是"list index out of range"。下面使用 try…except 语句捕捉上面的 IndexError 异常。

```
try:
    x = [100, 200, 300]
    print (x[8])
except IndexError as inst:
    print (inst.args[0])
```

输出结果如下：

```
list index out of range
```

在 except 语句的右方加上一个 inst 变量，它是一个异常类实例。当 IndexError 异常发生时，inst 实例就会被创建。inst 实例的 args 属性值是一个元组，输出该元组的第一个字符串就是 IndexError 异常的错误信息字符串"list index out of range"。

下面的示例会输出 FileNotFoundError 异常，args 属性的 tuple 格式是"错误号码，错误信息字符串，[文件名称]"，文件名称有可能不出现。

```
try:
    file = open("mm", "r")
```

```
except FileNotFoundError as inst:
    print (inst.args)
```

输出结果如下：

```
(2, 'No such file or directory')
```

下面的示例会输出 SyntaxError 异常，args 属性的元组格式是"错误信息字符串，(文件名称，行号，行内偏移值，文字)"。

```
try:
    a = "100 >>>30"
    exec (a)
except SyntaxError as inst:
    print (inst.args)
```

输出结果如下：

```
('invalid syntax', ('<string>', 1, 7, '100 >>>30\n'))
```

使用下面的方式可以将 Python 解释器提供的错误信息字符串打印出来。

```
try:
    12 / 0
except ZeroDivisionError as errorMsg:
    print (errorMsg)
```

输出结果如下：

```
division by zero
```

从运行结果可以看出，errorMsg 的内容是"division by zero"，是由 Python 解释器设置的。

9.9　清除异常

try…finally 语句可以用于清除异常。无论 try 语句内是否运行失败，finally 语句一定会被运行。注意，try 与 except 语句可以搭配使用，try 与 finally 语句也可以搭配使用，但是 except 与 finally 语句不能放在一起使用。

下面的示例是没有异常发生，fanally 语句内的程序代码还是被运行。

```
try:
    a = 100
finally:
    print ('异常已经清除啦')
```

输出结果如下：

```
异常已经清除啦
```

下面的示例是发生了 ValueError 异常，fanally 语句内的程序代码还是被运行。

```
try:
    raise ValueError
finally:
    print ('异常已经清除啦')
```

程序运行输出结果如下：

```
异常已经清除啦
  raise ValueError
ValueError
```

9.10　抛出异常

当遇到异常情况时，用户可以通过抛出异常进行相应处理。本节将学习有关抛出异常的知识和技巧。

9.10.1　raise 语句

Python 使用 raise 语句抛出一个指定的异常。例如：

```
raise NameError('这里使用 raise 抛出一个异常')
```

输出结果如下：

```
  raise NameError('这里使用 raise 抛出一个异常')
NameError: 这里使用 raise 抛出一个异常
```

raise 唯一的一个参数指定了要被抛出的异常。它必须是一个异常的实例或异常的类（Exception 的子类）。

提示：如果用户只想判断是否会抛出一个异常，而不想去处理它，那么此时使用 raise 语句是最佳的选择。

用户也可以直接输出异常的类名称。例如：

```
raise IndexError()          #输出异常的类名称
```

输出结果如下：

```
  raise IndexError()          #输出异常的类名称
IndexError
```

下面的示例读取类 Fruit 的属性，如果类没有该属性，就输出 AttributeError 异常。

```
class Fruit:
    def __init__(self, name):
        self.name = name
    def __getattr__(self, attr):
        if attr != "name":
```

```
            raise AttributeError

f = Fruit("苹果")
print(f.name)
print(f.price)
```

输出结果如下：

```
苹果
Traceback (most recent call last):
  File "<stdin>", line 1, in <module>
  File "<stdin>", line 6, in __getattr__
AttributeError
```

9.10.2 结束解释器的运行

用户可以通过输出 SystemExit 异常强制结束 Python 解释器的运行，代码如下：

```
C:\Users\Administrator>python
>>>raise SystemExit
```

使用 sys.exit() 函数会输出一个 SystemExit 异常，sys.exit() 函数会结束线程。

下面的示例利用 sys.exit() 函数输出一个 SystemExit 异常，然后在异常处理例程中显示一个字符串。

```
import sys
try:
    sys.exit()
except SystemExit:
    print ("目前还不能结束解释器的运行")
```

输出结果如下：

目前还不能结束解释器的运行

如果想正常结束 Python 解释器的运行，那么最好使用 os 模块的_exit() 函数，代码如下：

```
C:\Users\Administrator>python
>>>import os
>>>os._exit(0)
```

输出结果如图 9-1 所示。

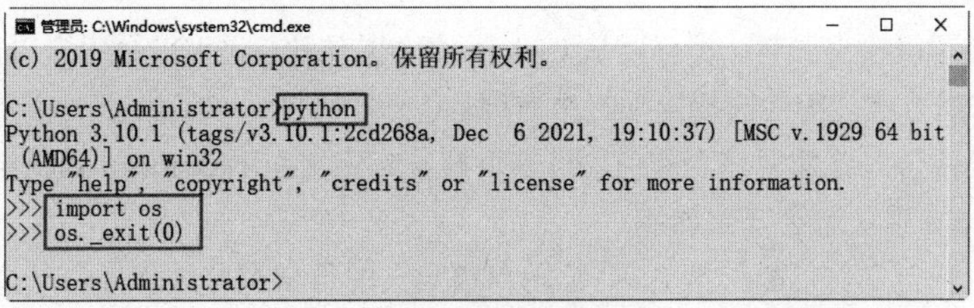

图 9-1　结束 Python 解释器

9.10.3 离开嵌套循环

我们知道，如果想离开循环，就使用 break 语句。但是如果在一个嵌套循环之内，break 语句只能离开最内层的循环，而不能离开嵌套循环，则可以使用 raise 语句离开嵌套循环。

【例 9.6】离开嵌套循环（源代码\ch09\9.6.py）。

```
class ExitLoop(Exception):
    pass

try:
    i = 1
    while i < 10:
        for j in range(1, 10):
            print (i, j)
            if (i == 2) and (j == 2):
                raise (ExitLoop)
            i+=1
except ExitLoop:
    print ("当i = 2 j = 2时离开嵌套循环")
```

输出结果如下：

```
1 1
2 2
当i = 2 j = 2时离开嵌套循环
```

ExitLoop 类继承自 Exception。当程序代码运行至：

```
raise ExitLoop
```

将跳出嵌套循环，然后跳至：

```
except ExitLoop:
```

继续运行以下命令：

```
print ("当i = 2 j = 2时离开嵌套循环")
```

9.11 自定义异常

Python 支持使用类输出异常。类可以是 Python 的内置异常，也可以是用户自定义异常。使用类输出异常是比较好的方式，因为捕捉异常时更有弹性。

用户自定义异常与内置异常并无差别，只是内置异常定义在 exceptions 模块中。当 Python 解释器启动时，exceptions 模块就会事先加载。

Python 允许用户定义自己的异常类,并且用户自定义的异常类必须从任何一个 Python 的内置异常类派生而来。

下面的示例使用 Python 内置的 Exception 异常类作为基类，创建一个用户自定义的异常类 URLError。

```
class URLError(Exception):
    pass
try:
    raise URLError("这是 URL 异常")
except URLError as inst:
    print(inst.args[0])
```

输出结果如下：

这是 URL 异常

inst 变量是用户自定义异常类 URLError 的实例变量，inst.args 就是该用户定义异常类的 args 属性值。

还可以将所创建的用户自定义异常类再当作其他用户自定义异常类的基类。

下面的示例使用刚刚自定义的 URLError 异常类作为基类，创建一个用户自定义的异常类 HostError。

```
class HostError(URLError):
    def printString(self):
        print (self.args)


try:
    raise HostError("Host Error")
except HostError as inst:
    inst.printString()
```

输出结果如下：

('Host Error',)

借助重写类的__str__()方法可以改变输出字符串，代码如下：

```
class MyError(Exception):
    def __init__(self, value):
        self.value = value
    def __str__(self):
        return repr(self.value)


try:
    raise MyError(100)
except MyError as e:
    print('异常发生的数值为:', e.value)
```

输出结果如下：

异常发生的数值为: 100

一般异常类在创建的时候都以 Error 结尾，与标准异常命名一样。

9.12 程序调试

如何测试程序代码中的错误呢？本节将讲解两种方法，即 assert 语句和 __debug__ 内置变量。

9.12.1 assert 语句

通过使用 assert 语句可以帮助用户检测程序代码中的错误。

assert 语句的语法格式如下：

```
assert <测试码> [, 参数]
```

测试码是一段返回 True 或 False 的程序代码。若测试码返回 True，则继续运行后面的程序代码；若测试码返回 False，assert 语句则会输出一个 AssertionError 异常，并输出 assert 语句的[参数]作为错误信息字符串。

下面的示例是当变量 a 等于 0 时，输出一个 AssertionError 异常。

```
a = 100
assert (a != 0), "Error happened, a = 0"
a = 0
assert (a != 0), "Error happened, a = 0"
```

输出结果如下：

```
Traceback (most recent call last):
  File "<stdin>", line 1, in <module>
AssertionError: Error happened, a = 0
```

下面的示例检测函数的参数类型是否是字符串，如果函数的参数类型不是字符串，就输出一个 AssertionError 异常。

```
import types
def checkType(arg):
    assert type(arg) ==str, "参数类型不是字符串"

checkType(1)
```

输出结果如下：

```
Traceback (most recent call last):
  File "<stdin>", line 1, in <module>
  File "<stdin>", line 2, in checkType
AssertionError: 参数类型不是字符串
```

9.12.2 __debug__内置变量

Python 解释器有一个内置变量__debug__，__debug__在正常情况下的值是 True。

```
print(__debug__)
```

输出结果如下：

```
True
```

当用户以最佳化模式启动 Python 解释器时，__debug__值为 False。要使用最佳化模式启动 Python 解释器，需要设置 Python 命令行选项-O，代码如下：

```
C:\Users\Administrator>python -O
Python 3.10.1 (tags/v3.10.1:2cd268a, Dec  6 2021, 19:10:37) [MSC v.1929 64 bit (AMD64)] on win32
Type "help", "copyright", "credits" or "license" for more information.
>>>__debug__
False
```

用户不可以设置__debug__变量的值，下面的示例将__debug__变量设成 False，结果产生错误。

```
>>>__debug__ = False
  File "<stdin>", line 1
SyntaxError: cannot assign to __debug__
```

__debug__变量也可以用来调试程序，下面的语法与 assert 语句的功能相同。

```
If __debug__:
If not (<测试码>):
raise AssertionError [, 参数]
```

下面的示例检测函数的参数类型是否是字符串。如果函数的参数类型不是字符串，就输出一个 AssertionError 异常。

```
import types
def checkType(arg):
   if __debug__:
     if not (type(arg) == str):
       raise AssertionError('参数类型不是字符串')
checkType(10)
```

输出异常信息如下：

```
raise AssertionError('参数类型不是字符串')
AssertionError: 参数类型不是字符串
```

第10章

常用的内置模块

为了提高项目的开发效率，用户可以使用内置的模块，这些模块都是提前开发好的，直接使用即可。这些模块有的是 Python 官方提供的，有的是第三方开发的，统一称为内置模块。本章将介绍常用的内置模块的使用方法和技巧。

10.1 math 模块

math 是 Python 中的数学计算模块，利用 math 模块中的方法可以对数值进行数学运算。

math 模块中的常用方法的含义如下：

（1）math.cos(x)：返回弧度 x 的余弦值。

（2）math.ceil(x)：返回大于或等于 x 的最小整数。

（3）math.floor(x)：返回小于或等于 x 的最大整数。

（4）math.sqrt(x)：返回 x 的平方根。

（5）math.pow(x,y)：返回 x 的 y 次方的值。

（6）math.sin(x)：返回弧度 x 的正弦值。

（7）math.acos(x)：返回 x 的反余弦值。

（8）math.asin(x)：返回 x 的反正弦值。

（9）math.log(x[,base])：返回以 base 为底的 x 的对数，若省略底数 base，则计算 x 的自然对数。

（10）math.degrees(x)：将弧度 x 转换为角度。

（11）math.radians(x)：将角度 x 转换为弧度。

下面举例说明。

```
>>>import math
>>>math.cos(math.pi)
```

```
-1.0
>>>math.sin(0.2)
0.19866933079506122
>>>math.ceil(6.66)
7
>>>math.floor(6.66)
6
>>>math.sqrt(64)
8.0
>>>math.pow(8,2)
64.0
>>>math.degrees(0.5*math.pi)
90.0
>>>math.radians(90/math.pi)
0.5
```

10.2 calendar 模块

Calendar（日历）模块提供了很多方法来处理年历和月历。下面将选择常用的方法进行讲解。

（1）calendar.calendar(year,w=2,l=1,c=6)返回一个多行字符串格式的 year 年年历，3 个月一行，每月的间隔距离为 c 字符，每日的宽度间隔为 w 字符，每行的长度为 21*w+18+2*c。1 是每星期的行数。

（2）calendar.firstweekday( )：返回当前每周起始日期的设置。默认情况下，首次载入 calendar 模块时返回 0，即星期一。

（3）calendar.isleap(year)：如果 year 是闰年就返回 True，否则返回 False。

（4）calendar.leapdays(y1,y2)：返回在 y1、y2 两年之间的闰年总数。

（5）calendar.month(year,month,w=2,l=1)：返回一个多行字符串格式的 year 年 month 月日历，两行标题，一周一行，每日的宽度间隔为 w 字符，每行的长度为 7* w+6。1 是每星期的行数。

（6）calendar.monthcalendar(year,month)：返回一个整数的单层嵌套列表。每个子列表装载代表一个星期的整数。year 年 month 月外的日期都设为 0，范围内的日子都由该月第几日表示，从 1 开始。

（7）calendar.monthrange(year,month)：返回两个整数，第一个是该月的星期几的日期码，第二个是该月的日期码。日从 0（星期一）~6（星期日），月从 1（一月）~12（十二月）。

（8）calendar.prcal(year,w=2,l=1,c=6)：相当于 print calendar.calendar(year,w,l,c)。

（9）calendar.prmonth(year,month,w=2,l=1)：相当于 print calendar.calendar(year,w,l,c)。

（10）calendar.setfirstweekday(weekday)：设置每周的起始日期码，即 0（星期一）~6（星期日）。

（11）calendar.timegm(tupletime)：与 time.gmtime 函数的作用相反，接收一个时间元组，返回该时刻的时间戳（1970 纪元后经过的浮点秒数）。

（12）calendar.weekday(year,month,day)：返回给定日期的日期码，即 0（星期一）~6（星期日），月份为 1（一月）~12（十二月）。

【例 10.1】calendar 模块的综合应用（源代码\ch10\10.1.py）。

```python
import calendar

#返回指定年的某月
def get_month(year, month):
    return calendar.month(year, month)

#返回指定年的日历
def get_calendar(year):
    return calendar.calendar(year)

#判断某一年是否为闰年，如果是，就返回 True；如果不是，就返回 False
def is_leap(year):
    return calendar.isleap(year)

#返回某个月 weekday 的第一天和这个月的所有天数
def get_month_range(year, month):
    return calendar.monthrange(year, month)

#返回某个月以每一周为元素的序列
def get_month_calendar(year, month):
    return calendar.monthcalendar(year, month)

def main():
    year = 2022
    month = 10
    test_month = get_month(year, month)
    print(test_month)
    print('#' * 50)
    #print(get_calendar(year))
    print('{0}这一年是否为闰年？：{1}'.format(year, is_leap(year)))
    print(get_month_range(year, month))
    print(get_month_calendar(year, month))

if __name__ == '__main__':
    main()
```

保存并运行程序，输出结果如下：

```
    October 2022
Mo Tu We Th Fr Sa Su
             1  2
 3  4  5  6  7  8  9
10 11 12 13 14 15 16
17 18 19 20 21 22 23
24 25 26 27 28 29 30
31
```

```
###################################################
2022 这一年是否为闰年？：False
(5, 31)
[[0, 0, 0, 0, 0, 1, 2], [3, 4, 5, 6, 7, 8, 9], [10, 11, 12, 13, 14, 15, 16],
[17, 18, 19, 20, 21, 22, 23], [24, 25, 26, 27, 28, 29, 30], [31, 0, 0, 0, 0, 0, 0]]
```

10.3 time 模块

time 模块提供存取与转换时间的函数。时间的表示使用 UTC（Universal Time Coordinated，协调世界时）时间。UTC 也叫作格林尼治时间（Greenwich Mean Time，GMT）。

10.3.1 localtime([secs])函数

localtime() 函数将以秒为单位的时间转换为本地时间。该函数的返回值是一个元组。time.localtime()函数的语法格式如下：

```
time.localtime([ secs ])
```

这里的 time 指的是 time 模块，secs 指需要转化的时间。若没有设置 secs 参数，则使用当前的时间。例如：

```
>>>import time
>>>print(time.localtime())
time.struct_time(tm_year=2022, tm_mon=1, tm_mday=2, tm_hour=12, tm_min=28,
tm_sec=36, tm_wday=6, tm_yday=2, tm_isdst=0)
```

10.3.2 gmtime([secs])函数

gmtime()函数将以秒为单位的时间转换为代表 UTC 的元组。该函数的返回值是一个元组。time.gmtime()函数的语法格式如下：

```
time.gmtime ([ secs ])
```

这里的 time 指的是 time 模块，secs 指需要转化的时间。若没有设置 secs 参数，则使用当前的时间。例如：

```
>>>import time
>>>print(time. gmtime ())
time.struct_time(tm_year=2022, tm_mon=1, tm_mday=2, tm_hour=4, tm_min=31,
tm_sec=28, tm_wday=6, tm_yday=2, tm_isdst=0)
```

10.3.3 mktime ([tuple])函数

time.mktime()函数将 time.gmtime()函数或 time.localtime()函数返回的 tuple 转换为以秒为单位的

浮点数。该函数执行的操作与 time.gmtime()函数或 time.localtime()函数执行的操作相反。time.mktime()
函数的语法格式如下：

```
time.mktime ([tuple ])
```

这里的 time 指的是 time 模块，tuple 指需要转化的时间。tuple 是结构化的时间或完整的 9 位元
组元素。如果输入的值不是合法时间，就会触发 OverflowError 或 ValueError 异常。例如：

```
>>>import time
>>>t = time.localtime()
>>>print(time.mktime(t))
1641097954.0
>>>tt= (2022,10,10,12,25,39,6,40,0)
>>>print(time.mktime(tt))
1665375939.0
```

10.3.4　ctime([secs])函数

ctime()函数的作用是把一个时间戳（按秒计算的浮点数）转化为 time.asctime()的形式。如果不
指定参数 secs 的值或者参数为 None，就会默认将 time.time()作为参数。ctime()函数相当于
asctime(localtime(secs))。time.ctime()函数的语法格式如下：

```
time.ctime ([secs])
```

这里的 time 指的是 time 模块，secs 是需要转化为字符串时间的秒数。该函数没有任何返回值。
例如：

```
>>>import time
>>>print ("time.ctime() : %s" % time.ctime())
time.ctime() : Sun Jan 2 12:32:57 2022
```

10.3.5　sleep(secs)函数

sleep()函数将目前进程设置为睡眠状态，睡眠时间为 secs 秒。sleep()函数的语法格式如下：

```
time.sleep(secs)
```

这里的 time 指的是 time 模块，secs 是需要睡眠的时间。例如：

```
>>>import time
>>>print ("开始时间 : %s" % time.ctime())
开始时间 : Sun Jan 2 12:33:39 2022
>>>time.sleep(15)
>>>print ("结束时间: %s" % time.ctime())
结束时间: Sun Jan 2 12:33:54 2022
```

10.3.6　strptime(string [,format])函数

strptime()函数用于根据指定的格式把一个时间字符串转化为 struct_time 元组。实际上，它与

strftime()函数是逆操作。time.strptime()函数的语法格式如下：

```
time.strptime(string [,format])
```

这里的 time 指的是 time 模块，string 指时间字符串，format 指格式化字符串。该函数将返回 struct_time 元组对象。format 默认为"%a %b %d %H:%M:%S %Y"。例如：

```
>>>import time
>>>print (time.strptime('2022-05-25 16:37:06', '%Y-%m-%d %X'))
time.struct_time(tm_year=2022, tm_mon=5, tm_mday=25, tm_hour=16, tm_min=37,
tm_sec=6, tm_wday=2, tm_yday=145, tm_isdst=-1)
```

10.4　datetime 模块

datetime 模块可以对日期和时间进行各种各样的操作，功能非常强大，包括 date 和 time 的所有信息，支持从 0001 年到 9999 年。

datetime 模块定义了两个常量：datetime.MINYEAR 和 datetime.MAXYEAR。这两个常量分别定义了最小、最大年份。其中，MINYEAR 和 MAXYEAR 分别表示 1 和 9999。

datetime 模块定义了 5 个类，分别如下：

（1）date：表示日期的类，常用的属性有 year、month 和 day。

（2）time：表示时间的类，常用的属性有 hour、minute、second、microsecond 和 tzinfo。

（3）datetime：表示日期和时间的组合类，常用的属性有 year、month、day、hour、minute、second、microsecond 和 tzinfo。

（4）timedelta：表示时间间隔类，即两个时间点之间的长度。

（5）tzinfo：表示时区信息类。

10.4.1　date 类

date 类的属性由 year、month 及 day 三部分构成。例如：

```
>>>import datetime
>>>a = datetime.date.today()          #返回当前本地时间的 datetime 对象
>>>print(a)
2022-01-02
>>>print(a.year)
2022
>>>print(a.month)
1
>>>print(a.day)
2
```

date 类的__getattribute__()方法也可以获得上述值。例如：

```
>>>import datetime
```

```
>>>d = datetime.date.today()
>>>print(d.__getattribute__('year'))
2022
>>>print(d.__getattribute__('month'))
1
>>>print(d.__getattribute__('day'))
2
```

下面根据功能的不同分别介绍 date 类的方法和属性。

1. 用于比较日期大小的方法

下面的方法通常用于比较日期的大小，返回值为 True 或 False。

（1）__eq__()：判断两个日期是否相等。例如，x.__eq__(y)用于判断时间 x 是否和时间 y 相等。

（2）__ge__()：判断两个日期是否大于或等于。例如，x.__ge__(y)用于判断时间 x 是否大于或等于时间 y。

（3）__gt__()：判断两个日期是否大于。例如，x.__gt__(y)用于判断时间 x 是否大于时间 y。

（4）__le__()：判断两个日期是否小于或等于。例如，x.__le__(y)用于判断时间 x 是否小于或等于时间 y。

（5）__lt__()：判断两个日期是否小于。例如，x.__lt__(y) 用于判断时间 x 是否小于时间 y。

（6）__ne__()：判断两个日期是否不等于。例如，x.__ne__(y) 用于判断时间 x 是否不等于时间 y。

例如：

```
>>>import datetime
>>>a=datetime.date(2022,11,11)
>>>b=datetime.date(2022,10,10)
>>>print(a.__eq__(b))
False
>>>print(a.__ge__(b))
True
>>>print(a.__gt__(b))
True
>>>print(a.__le__(b))
False
>>>print(a.__lt__(b))
False
>>>print(a.__ne__(b))
True
```

2. 计算两个日期相差多少天

__sub__()和__rsub__()方法用于计算两个日期相差多少天。

（1）__sub__()：x.__sub__(y)等价于 x-y。

（2）__rsub__()：x.__rsub__(y)等价于 y-x。

例如：

```
>>>import datetime
>>>a=datetime.date(2022, 11, 11)
>>>b=datetime.date(2022, 10, 10)
>>>print(a.__sub__(b))
32 days, 0:00:00
>>>print(a.__rsub__(b))
-32 days, 0:00:00
>>>print(a.__sub__(b).days)
32
>>>print(a.__rsub__(b).days)
-32
```

从结果可以看出，计算结果的返回值类型为 datetime.timedelta。若想获得整数类型的结果，则需要添加 a.__sub__(b).days。

3. ISO 标准化日期

如果想让使用的日期符合 ISO 标准，那么可以使用以下 3 个方法：

（1）isocalendar()：返回一个包含 3 个值的元组。3 个值依次为 year、week number（周数）、weekday（星期数）。例如：

```
>>>import datetime
>>>a = datetime.date(2020,11,11)
>>>print(a.isocalendar())
datetime.IsoCalendarDate(year=2020, week=46, weekday=3)
>>>print(a.isocalendar()[0])
2020
>>>print(a.isocalendar()[1])
46
>>>print(a.isocalendar()[2])
3
```

（2）isoformat()：返回符合 ISO 8601 标准（YYYY-MM-DD）的日期字符串。例如：

```
>>>import datetime
>>>a = datetime.date(2020,11,11)
>>>a.isoformat()
'2020-11-11'
```

（3）isoweekday()：返回符合 ISO 标准的指定日期所在的星期数（周一为 1，周日为 7）。例如：

```
>>>import datetime
>>>a = datetime.date(2018,11,11)
>>>print(a.isoweekday())
7
```

weekday()与 isoweekday()的作用类似，只不过 weekday()方法返回的周一为 0、周日为 6，不符合 ISO 标准。例如：

```
>>>import datetime
>>>a = datetime.date(2018,11,11)
>>>print(a.weekday())
6
```

10.4.2　time 类

time 类由 hour（小时）、minute（分钟）、second（秒）、microsecond（毫秒）和 tzinfo（时区）组成。time 类中就由上述 5 个变量来存储时间的值。例如：

```
>>>import datetime
>>>a = datetime.time(11,10,32,888)
>>>print(a)
11:10:32.000888
>>>print(a.hour)
11
>>>print(a.minute)
10
>>>print(a.second)
32
>>>print(a.microsecond)
888
>>>print(a.tzinfo)
None
```

下面根据功能的不同分别介绍 time 类的方法和属性。

1. 比较时间的大小

time 类中比较时间大小的方法包括__eq__()、__ge__()、__gt__()、__le__()、__lt__()、__ne__()，它们的使用方法和 date 类中对应的方法类似，这里就不再介绍了。例如：

```
>>>import datetime
>>>a=datetime.time(12,20,59,888)
>>>b=datetime.time(10,20,59,888)
>>>print(a.__eq__(b))
False
>>>print(a.__ge__(b))
True
>>>print(a.__gt__(b))
True
>>>print(a.__le__(b))
False
>>>print(a.__lt__(b))
False
```

```
>>>print(a.__ne__(b))
True
```

2.　时间的最大值和最小值

max 属性表示时间的最大值，min 属性表示时间的最小值。例如：

```
>>>import datetime
>>>print(datetime.time.max)
23:59:59.999999
>>>print(datetime.time.min)
00:00:00
```

3.　将时间以字符串格式输出

使用__format__()函数通过指定的格式可以将时间对象转化为字符串。例如：

```
>>>import datetime
>>>a = datetime.time(10,20,36,888)
>>>print(a.__format__('%H:%M:%S'))
10:20:36
```

4. ISO 标准输出

通过 isoformat()函数可以将时间转化为符合 ISO 标准的格式。通过__str__()函数可以将时间转化为简单的字符串格式。例如：

```
>>>import datetime
>>>a = datetime.time(10,20,36,888)
>>>print(a.isoformat())
10:20:36.000888
>>>print(a.__str__())
10:20:36.000888
```

10.4.3　datetime 类

datetime 类其实可以看作 date 类和 time 类的合体，其大部分的方法和属性都继承自这两个类，相关的操作方法可参照前面的内容。

datetime 类的属性有 year、month、day、hour、minute、second、microsecond 和 tzinfo。例如：

```
>>>import datetime
>>>a = datetime.datetime.now()  #获取当前的日期和时间
>>>print(a)
2022-01-02 12:45:40.049457
>>>print(a.year)
2022
>>>print(a.month)
1
>>>print(a.day)
2
```

```
>>>print(a.hour)
12
>>>print(a.minute)
45
>>>print(a.second)
40
>>>print(a.microsecond)
49457
>>>print(a.tzinfo)
None
>>>print(a.date())
2022-01-02
```

下面讲解 datetime 类中除了 date 类和 time 类的方法外，还具有的独特的函数。

1. now()函数

返回当前日期时间的 datetime 对象。

now()函数的语法格式如下：

```
datetime.datetime.now()
```

例如：

```
>>>import datetime
>>>a = datetime.datetime.now()
>>>print(a)
2022-01-02 12:46:30.059639
```

2. time()函数

返回 datetime 对象的时间部分。

time()函数的语法格式如下：

```
datetime.datetime.time()
```

例如：

```
>>>import datetime
>>>a = datetime.datetime.now()
>>>print(a)
2022-01-02 12:46:55.349554
>>>print(a.time())
12:46:55.349554
```

3. combine ()函数

将一个 date 对象和一个 time 对象合并生成一个 datetime 对象。

combine()函数的语法格式如下：

```
datetime.datetime. combine ()
```

例如：

```
>>>import datetime
>>>a = datetime.datetime.now()
>>>print(a)
2022-01-02 12:48:03.859494
>>>print(datetime.datetime.combine(a.date(),a.time()))
2022-01-02 12:48:03.859494
```

4. utctimetuple()函数

返回 UTC 时间元组。

utctimetuple()函数的语法格式如下：

```
datetime.datetime.utctimetuple()
```

例如：

```
>>>import datetime
>>>a = datetime.datetime.now()
>>>print(a)
2022-01-02 12:48:37.909374
>>>print(a.utctimetuple())
time.struct_time(tm_year=2022, tm_mon=1, tm_mday=2, tm_hour=12, tm_min=48,
tm_sec=37, tm_wday=6, tm_yday=2, tm_isdst=0)
```

5. utcnow()函数

返回当前日期时间的 UTC datetime 对象。

utcnow()函数的语法格式如下：

```
datetime.datetime.utcnow()
```

例如：

```
>>>import datetime
>>>a = datetime.datetime.utcnow()
>>>print(a)
2022-01-02 04:49:21.019377
```

6. strptime()函数

根据 string、format 两个参数返回一个对应的 datetime 对象。

strptime()函数的语法格式如下：

```
datetime.datetime.strptime(string[, format])
```

例如：

```
>>>import datetime
>>>a=datetime.datetime.strptime('2020-12-12 15:25','%Y-%m-%d %H:%M')
>>>print(a)
```

```
2020-12-12 15:25:00
```

10.4.4　timedelta 类

timedelta 类用于计算两个 datetime 对象的差值。此类中包含以下属性：

（1）days：天数。

（2）microseconds：微秒数（大于或等于 0 并且小于 1 秒）。

（3）seconds：秒数（大于或等于 0 并且小于 1 天）。

两个 date 或 datetime 对象相减就可以返回一个 timedelta 对象。例如，计算 100 天前的时间。

```
>>>import datetime
>>>now=datetime.datetime.now()
>>>print(now)
2022-01-02 12:50:13.809284
>>>delta=datetime.timedelta(days=100)
>>>print(delta)
100 days, 0:00:00
>>>newtime=now-delta
>>>print (newtime)
2021-09-24 12:50:13.809284
```

10.4.5　tzinfo 类

tzinfo 类是关于时区信息的类。因为 tzinfo 类是一个抽象类，所以不能直接被实例化。

【例 10.2】tzinfo 类的综合应用（源代码\ch10\10.2.py）。

```
from datetime import datetime, tzinfo,timedelta
class UTC(tzinfo):
    """UTC"""
    def __init__(self,offset = 0):
        self._offset = offset

    def utcoffset(self, dt):
        return timedelta(hours=self._offset)

    def tzname(self, dt):
        return "UTC +%s" % self._offset

    def dst(self, dt):
        return timedelta(hours=self._offset)

#北京时间
beijing = datetime(2022,11,11,0,0,0,tzinfo = UTC(8))
#曼谷时间
bangkok = datetime(2022,11,11,0,0,0,tzinfo = UTC(7))
```

```
#北京时间转成曼谷时间
beijing.astimezone(UTC(7))
#计算时间差时也会考虑时区的问题
timespan = beijing - bangkok
print(timespan)
```

输出结果如下：

```
-1 day, 23:00:00
```

10.4.6　日期和时间的常用操作

本节介绍在 Python 开发中，根据实际的功能需求经常遇到的日期和时间操作。

（1）获取当前日期和时间。例如：

```
>>>import datetime
>>>now = datetime.datetime.now()
>>>print(now)
2022-01-02 12:55:06.900257
>>>today = datetime.date.today()
>>>print(today)
2022-01-02
>>>print(now.date())
2022-01-02
>>>print(now.time())
12:55:06.900257
```

（2）获取上个月第一天和最后一天的日期。例如：

```
>>>import datetime
>>>today = datetime.date.today()
>>>print(today)
2022-01-02
>>>mlast_day = datetime.date(today.year, today.month, 1) -
datetime.timedelta(1)
>>>print(mlast_day)
2021-12-31
>>>mfirst_day = datetime.date(mlast_day.year, mlast_day.month, 1)
>>>print(mfirst_day)
2021-12-01
```

（3）获取时间差。例如：

```
>>>import datetime
>>>import time
>>>start_time = datetime.datetime.now()
>>>time.sleep(6)
>>>end_time = datetime.datetime.now()
```

```
>>>print((end_time - start_time).seconds)
6
```

（4）计算当前时间的后 10 个小时的时间。例如：

```
>>>import datetime
>>>d1 = datetime.datetime.now()
>>>d2 = d1 + datetime.timedelta(hours = 10)
>>>print(d2)
2022-01-02 22:56:39.790372
```

以此类推，还可以计算向前或向后的 days、hours、minutes、seconds 或 microseconds 的时间。

（5）计算上周一和周日的日期。例如：

```
>>>import datetime
>>>today = datetime.date.today()
>>>print(today)
2022-01-02
>>>today_weekday = today.isoweekday()
>>>last_sunday = today - datetime.timedelta(days=today_weekday)
>>>last_monday = last_sunday - datetime.timedelta(days=6)
>>>print(last_sunday)
2021-12-26
>>>print(last_monday)
2021-12-20
```

（6）计算指定日期当月最后一天的日期和本月天数。例如：

```
>>>import datetime
>>>date = datetime.date(2022,12,12)
>>>def eomonth(date_object):
...     if date_object.month == 12:
...         next_month_first_date = datetime.date(date_object.year+1,1,1)
...     else:
...         next_month_first_date = datetime.date(date_object.year,
date_object.month+1, 1)
...     return next_month_first_date - datetime.timedelta(1)
...
...
>>>print(eomonth(date))
2022-12-31
>>>print(eomonth(date).day)
31
```

（7）计算指定日期下个月当天的日期（这里要调用上面的函数 eomonth()）。例如：

```
>>>import datetime
>>>date = datetime.date(2022,12,12)
>>>def edate(date_object):
        if date_object.month == 12:
            next_month_date = datetime.date(date_object.year+1,
1,date_object.day)
```

```
        else:
            next_month_first_day =
datetime.date(date_object.year,date_object.month+1,1)
            if date_object.day > eomonth(last_month_first_day).day:
                next_month_date =
datetime.date(date_object.year,date_object.month+1,eomonth(last_month_first_day
).day)
            else:
                next_month_date = datetime.date(date_object.year,
date_object.month+1, date_object.day)
        return next_month_date

>>>print(edate(date))
2023-01-12
```

10.5　re 正则表达式模块

re 模块的主要功能是通过正则表达式来操作字符串。在使用 re 模块时，需要先使用 import 语句引入，语法格式如下：

```
import re
```

下面讲解 re 模块中常见的操作字符串的方法。

10.5.1　匹配字符串

通过 re 模块中的 match()、search()和 findall()方法可以匹配字符串。

（1）match()方法用于从字符串的开始处进行匹配，如果在起始位置匹配成功，则返回 Match 对象。如果没有在起始位置匹配成功，则返回 none。

match()方法的语法格式如下：

```
re.match(pattern, string, flags=0)
```

其中参数 pattern 是用于匹配的正则表达式；参数 string 是用于匹配的字符串；参数 flags 用于控制正则表达式的匹配方式，如是否区分大小写、多行匹配等。如果匹配成功，match()方法返回一个匹配的对象，否则返回 None。

【例 10.3】验证输入的手机号是否为中国移动的号码（源代码\ch10\10.3.py）。

这里首先需要导入 re 模块，然后定义一个验证手机号码的模式字符串，最后使用 match()方法验证输入的手机号是否和模式字符串匹配。

```
import re                                    #导入 Python 的 re 模块
print("欢迎进入中国移动电话号码验证系统")
s1 = r'(13[4-9]\d{8})$|(15[01289]\d{8}$)'
s2 = input("请输入需要验证的电话号码：")            #输入需要验证的电话号码
match = re.match(s1,s2)                       #进行模式匹配
```

```
    if match==None:                                        #判断是否为 None，为真表示匹配失败
        print("您输入的号码不是中国移动的电话")
    else:
        print("您输入的号码是中国移动的电话")
```

运行程序，结果如下：

```
欢迎进入中国移动电话号码验证系统
请输入需要验证的电话号码：18000000000
您输入的号码不是中国移动的电话
```

（2）search()方法扫描整个字符串并返回第一个成功匹配的字符串。

search()方法的语法格式如下：

```
re.search(pattern, string, flags=0)
```

其中参数 pattern 是用于匹配的正则表达式；参数 string 是用于匹配的字符串；参数 flags 用于控制正则表达式的匹配方式，如是否区分大小写、多行匹配等。如果匹配成功，search()方法返回一个匹配的对象，否则返回 None。

与 match()方法方法不同的是，serch()方法既可以在起始位置匹配，也可以不在起始位置匹配。例如：

```
>>>import re
>>>print(re.search('www', 'www.bczj123.com').span())          #在起始位置匹配
(0, 3)
>>>print(re.search('123', 'www.bczj123.com').span())          #不在起始位置匹配
(8, 11)
```

【例 10.4】敏感字过滤系统（源代码\ch10\10.4.py）。

假设敏感字名单为：苹果、香蕉、葡萄。如果输入的字符串中含有敏感字名单中的任意一个，将会给出警告提示，否则成功通过。

```
import re                                                   #导入 Python 的 re 模块
print("欢迎进入敏感字过滤系统")
s1 = r'(苹果)|(香蕉)|(葡萄)'                                  #模式字符串
s2 = input("请输入需要验证的文字：")                          #输入需要验证的字符串
match = re.search(s1,s2)                                    #进行模式匹配
if match==None:                                            #判断是否为 None，为真表示匹配失败
    print("您输入的文字成功通过！！")
else:
    print("警告！您输入文字存在敏感字，请重新整理后输入！")
```

保存并运行程序，结果如下：

```
欢迎进入敏感字过滤系统
请输入需要验证的文字：我最喜欢吃的水果是苹果！
警告！您输入文字存在敏感字，请重新整理后输入！
```

注意：match()方法只匹配字符串的开始，如果字符串开始不符合正则表达式，则匹配失败，函数返回 None；而 search()方法匹配整个字符串，直到找到匹配成功的字符串。

（3）findall()方法在字符串中找到正则表达式所匹配的所有子串，并返回一个列表，如果没有找到匹配的字符串，则返回空列表。

注意：match()和 search()方法只匹配一次，而 findall()方法匹配所有。

findall()的语法格式为如下：

```
findall(string[, pos[, endpos]])
```

参数 string 是待匹配的字符串；pos 为可选参数，指定字符串的起始位置，默认为 0；endpos 为可选参数，指定字符串的结束位置，默认为字符串的长度。

【例 10.5】数字挑选系统（源代码\ch10\10.5.py）。

对输入的字符串进行挑选，如果发现数字就挑选出来。

```
import re                                    #导入 Python 的 re 模块
print("欢迎进入数字挑选系统")
s1 = re.compile(r'\d+')                      # 查找数字
s2 = input("请输入需要挑选的字符串：")         #输入需要挑选的字符串
result = s1.findall(s2)
print(result)
```

保存并运行程序，结果如下：

```
欢迎进入数字挑选系统
请输入需要挑选的字符串：本次采购的苹果是 1866 公斤！
['1866']
```

10.5.2　替换字符串

通过 re 模块中的 sub()方法可以替换字符串中的匹配项。
sub()方法的语法格式如下：

```
re.sub(pattern, repl, string, count=0, flags=0)
```

参数 pattern 是正则表达式中的模式字符串；repl 是要替换的字符串，也可以是一个函数；参数 string 是要被查找替换的原始字符串；参数 count 是模式匹配后替换的最大次数，默认 0，表示替换所有的匹配。

【例 10.6】替换字符串中的非数字和特殊符号（源代码\ch10\10.6.py）。

```
import re
numb = "10011-1458-9987" # 这是一个商品的编号
# 删除字符串中的 Python 注释
nums = re.sub(r'#.*$', "", numb)
print ("商品的编号是：", nums)
# 删除非数字(-)的字符串
numd = re.sub(r'\D', "", numb)
print ("商品的新编号是：", numd)
```

保存并运行程序，结果如下：

```
商品的编号是：  10011-1458-9987
商品的新编号是：  1001114589987
```

10.5.3　分割字符串

通过 re 模块中的 split()方法可以分割字符串。split()方法按照能够匹配的子串将字符串分割后返回列表。

split()方法的语法格式如下：

```
re.split(pattern, string[, maxsplit=0, flags=0])
```

参数 pattern 是正则表达式中的模式字符串；参数 string 是要被分割的字符串；参数 maxsplit 是分割次数，maxsplit=1 表示分割一次，默认为 0，不限制次数；参数 flags 用于控制正则表达式的匹配方式，如是否区分大小写、多行匹配等。

【例 10.7】使用正则表达式输出被@的商品（源代码\ch10\10.7.py）。

```
import re
s1 = "@洗衣机@空调@洗衣机@电视机"
pattern = r'\@'
ls= re.split(pattern,s1)              # 以@分割字符串
print ("被@的商品如下：")
for im in ls:
    if im != " ":         # 输出不为空的元素
        print(im)         # 输出每个好友时，去掉@符号
```

保存并运行程序，结果如下：

```
被@的商品如下：

洗衣机
空调
洗衣机
电视机
```

第11章

文件读写

在前面的章节中，保存数据使用的是变量的方法。如果希望程序结束后数据仍然能够保存，需要使用其他的保存方式，文件就是一个很好的选择。在程序运行过程中将数据保存到文件中，程序运行结束后，相关数据就保存在文件中了。Python 提供了文件对象，通过该对象可以访问、修改和存储来自其他程序的数据。本章将重点学习文件的读取方法和技巧。

11.1　打开文件

在 Python 中，使用 open()函数可以打开文件。其语法格式如下：

```
open(file[,mode[,buffering]],encoding=None,errors=None)
```

1. 参数

open()函数中的参数有很多，这里介绍 5 个常用参数，这些参数的含义如下。

（1）file 参数

file 参数用于表示要打开的文件，可以是字符串或整数。如果 file 是字符串，则表示文件名，文件名既可以是当前目录的相对路径，也可以是绝对路径；如果 file 是整数，则表示一个已经打开的文件。

（2）mode 参数

可选参数 mode 表示打开文件的模式。例如：

```
f=open('demo.txt','r')
```

这里的参数 r 表示以读模式打开文件。如果该文件存在，就创建一个 f 文件对象；如果该文件不存在，就提示异常信息。例如：

```
Traceback (most recent call last):
  File "<stdin>", line 1, in <module>
```

```
FileNotFoundError: [Errno 2] No such file or directory: 'demo.txt'
```

open 函数还有其他的模式参数，如表 11-1 所示。

表11-1　open函数中的模式参数

参数名称	说　明
'r'	以读方式打开文件。文件的指针将会放在文件的开头，这是打开文本文件的默认方式
'rb'	以二进制格式打开一个文件，用于只读。文件的指针将会放在文件的开头，这是打开非文本文件（例如图片）的默认方式
'r+'	打开一个文件，用于读写。文件的指针将会放在文件的开头
'rb+'	以二进制格式打开一个文件，用于读写。文件的指针将会放在文件的开头
'w'	打开一个文件，只用于写入。如果该文件已存在，就将其覆盖；如果该文件不存在，就创建新文件
'wb'	以二进制格式打开一个文件，只用于写入。如果该文件已存在，就将其覆盖；如果该文件不存在，就创建新文件
'w+'	打开一个文件，用于读写。如果该文件已存在，就将其覆盖；如果该文件不存在，就创建新文件
'wb+'	以二进制格式打开一个文件，用于读写。如果该文件已存在，就将其覆盖；如果该文件不存在，就创建新文件
'a'	打开一个文件，用于追加。如果该文件已经存在，文件指针就会放在文件的结尾；如果该文件不存在，就创建新文件进行写入
'ab'	以二进制格式打开一个文件，用于追加。如果该文件已经存在，文件指针就会放在文件的结尾；如果该文件不存在，就创建新文件进行写入
'a+'	打开一个文件，用于读写。如果该文件已经存在，文件指针就会放在文件的结尾；如果该文件不存在，就创建新文件进行读写
'ab+'	以二进制格式打开一个文件，用于追加。如果该文件已经存在，文件指针就会放在文件的结尾；如果该文件不存在，就创建新文件用于追加

理解模式时需要注意的问题如下：

① 因为默认的模式为读模式，所以读模式和忽略不写的效果是一样的。'+'参数可以添加到其他模式中，表示读和写是允许的，比如'r+'表示打开一个文件用来读写使用。例如：

```
f=open('demo.txt', 'r+')
```

② 'b'参数主要应用于一些二进制文件，如声音和图像等，可以使用'rb'表示读取一个二进制文件。

注意：在文本文件的内部以字符形式存储数据，字符是有编码的，例如常见的 UTF-8 和 GBK 编码；在二进制文件的内部以字节形式存储数据，没有编码的概念。Windows 系统中常见的图片、Word、Excel 和 PPT 等文件都是二进制文件。

③ 打开文件时，a 和 a+是有区别的。a 只能追加写入文件，不可读文件；而 a+既可以追加写入文件，也可以读文件。

（3）buffering 参数

open()函数的可选参数 buffering 控制文件是否缓冲。若该参数为 1 或 True，则表示有缓冲。数据的读取操作通过内存来运行，只有使用 flush()或 close()函数，才会更新硬盘上的数据。若该参数为 0 或 False，则表示无缓冲，所有的读写操作都直接更新硬盘上的数据。例如：

```
f=open('demo.txt','r+',True)
```

（4）encoding 参数

可选参数 encoding 用来指定打开文件时的文件编码，默认是 UTF-8 编码，主要用于打开文本文件。

（5）errors 参数

可选参数 errors 用来指定在文本文件发生编码错误时如何处理。推荐 errors 参数的取值为'ignore'，表示在遇到编码错误时忽略该错误，程序会继续执行，不会退出。

2. 写法

如果打开的文件中包含绝对路径，有 3 种写法：

（1）采用普通字符串表示绝对路径文件名，其中反斜杠需要转义。例如：

```
f=open(r'D:\file\demo.txt')
```

（2）采用普通字符串表示绝对路径文件名，其中反斜杠改为斜杠。例如：

```
f=open('D:/file/demo.txt')
```

（3）采用原始字符串表示绝对路径文件夹，其中反斜杠不需要转义。例如：

```
f=open('D:\\file\\demo.txt')
```

下面尝试使用各种方式打开文件，代码如下：

```
f=open('demo.txt','w+')   #以 w+模式打开文件，如果文件不存在，则创建该文件
f.write('hello')          #写入内容

f=open('demo.txt','r+')   #以 r+模式打开文件，前面已经创建了该文件，这里会覆盖文件内容
f.write('world')          #重新写入内容

f=open('demo.txt','a')    #以 a 模式打开文件，会在文件末尾追加内容
f.write('world')          #追加新的内容

f=open('D:\\file\\demo.txt','a+')  #以 a+模式打开文件，会在文件末尾追加内容
f.write('world')          #追加新的内容
```

11.2 关闭文件

close()方法用于关闭一个已打开的文件。关闭后的文件不能再进行读写操作，否则会触发 ValueError 错误。close()方法允许调用多次。使用 close()方法关闭文件是一个好习惯。

close()方法的语法格式如下：

```
fileObject.close()
```

在 D 盘根目录下创建文件夹 file，然后运行以下命令：

```
>>>f=open(r'D:\file\tte.txt','w+')      #打开文件
>>>print ("文件名为: ", f.name)          #输出文件的名称
文件名为:  D:\file\tte.txt
>>>f.close()                            # 关闭文件
```

提示：当 file 对象被引用到操作另一个文件时，Python 会自动关闭之前的 file 对象。

对文件的操作往往会抛出异常，为了保证对文件的操作无论是正常结束还是异常结束都能够关闭文件，此时可以将 close()方法的调用放在异常处理的 finally 代码块中。例如以下代码：

```
filename='demo.txt'
f = None
try:
    f = open(filename)          #可能会引发 FileNotFoundError 异常
    print('文件打开成功! ')
    content = f.read()          #可能会引发 OSError 异常
    print(content)
except FileNotFoundError as e:
    print('文件不存在哦! ')
finally:
    if f is not None:           #判断 f 变量是否有数据，如果有数据，则说明文件打开成功
        f.close()               #关闭文件
        print('关闭文件成功! ')
```

如果感觉上述代码太烦琐，可以进一步优化，通过 with as 可以帮助用户自动释放资源，包括关闭文件的操作。具体代码如下：

```
filename='demo.txt'
with open(filename) as f:
    content = f.read()
    print(content)
```

11.3 读取文件

打开文件后，即可利用 Python 提供的方法读取文件的内容。

11.3.1 read()方法

read()方法用于从文件读取指定的字符数，若未给定或为负，则读取所有。
read()方法的语法格式如下：

```
fileObject.read(size)
```

其中，参数 size 用于指定返回的字符数。例如，创建一个文本文件 mm.txt，内容如下：

```
墙角数枝梅
凌寒独自开
```

遥知不是雪

为有暗香来

下面读取 mm.txt 文件的内容，其中 11.1.py 文件和 mm.txt 文件在同一目录下。

【例 11.1】读取 mm.txt 文件的内容（源代码\ch11\11.1.py）。

```
f=open('mm.txt')                        #打开文件
print ("文件名为: ", f.name)             #输出文件的名称
print (f.read(5) )                      #读取前 5 个字符
print (f.read(10) )                     #继续读取 10 个字符
```

输出结果如下。注意这里的换行符也占一个字符。

```
文件名为: mm.txt
墙角数枝梅

凌寒独自开
遥知不
```

如果想读取整个文件的内容，那么可以不指定 size 的值，代码如下：

```
fb=open('mm.txt')          #打开文件
print (fb.read())          #输出文件的全部内容
```

输出结果如下：

```
墙角数枝梅
凌寒独自开
遥知不是雪
为有暗香来
```

将 size 设置为负数，可以读取整个文件的内容。例如：

```
fb.read(-3)                #输出文件的全部内容
```

11.3.2 readline()方法

readline()方法用于从文件逐行读取，包括"\n"字符。若指定了一个非负数的参数，则返回指定大小的字符数，包括"\n"字符。

readline()方法的语法格式如下：

```
fileObject.readline(size)
```

其中，参数 size 用于指定从文件中读取的字符数。例如创建一个文本文件 ms.txt，内容如下：

```
晨起开门雪满山
雪晴云淡日光寒
檐流未滴梅花冻
一种清孤不等闲
```

【例 11.2】逐行读取 ms.txt 文件的内容（源代码\ch11\11.2.py）。

```
fu=open('ms.txt')          #打开文件
```

```
print ("文件名为: ", fu.name)    #输出文件的名称
line = fu.readline()
print ("读取第一行 %s" % (line))
line = fu.readline(15)
print ("读取的字符串为: %s" % (line))
fu.close()                              # 关闭文件
```

输出结果如下：

```
文件名为: ms.txt
读取第一行 晨起开门雪满山


读取的字符串为: 雪晴云淡日光寒
```

11.3.3　readlines()方法

readlines()方法用于读取所有行并返回列表。

readlines()方法的语法格式如下：

```
fileObject.readlines( size )
```

其中，参数 size 表示从文件中读取的字符数。例如创建一个文本文件 ts.txt，内容如下：

```
长相思，在长安。
络纬秋啼金井阑，微霜凄凄簟色寒。
孤灯不明思欲绝，卷帷望月空长叹。
美人如花隔云端！
上有青冥之长天，下有渌水之波澜。
天长路远魂飞苦，梦魂不到关山难。
长相思，摧心肝！
```

【例 11.3】读取 ts.txt 文件的内容（源代码\ch11\11.3.py）。

```
fo=open('ts.txt')    #打开文件
print ("文件名为: ", fo.name)

for line in fo.readlines():                          #依次读取每行
    line = line.strip()                              #去掉每行头尾空白
    print ("读取的数据为: %s" % (line))

# 关闭文件
fo.close()
```

输出结果如下：

```
文件名为: ts.txt
读取的数据为: 长相思，在长安。
读取的数据为: 络纬秋啼金井阑，微霜凄凄簟色寒。
读取的数据为: 孤灯不明思欲绝，卷帷望月空长叹。
读取的数据为: 美人如花隔云端！
读取的数据为: 上有青冥之长天，下有渌水之波澜。
读取的数据为: 天长路远魂飞苦，梦魂不到关山难。
```

读取的数据为：长相思，摧心肝！

11.3.4　tell()方法

tell()方法返回文件的当前位置，即文件指针的当前位置。

tell()方法的语法格式如下：

```
fileObject.tell()
```

例如创建一个文本文件 tt.txt，内容如下：

```
1:屋上春鸠鸣，村边杏花白。
2:持斧伐远扬，荷锄觇泉脉。
3:归燕识故巢，旧人看新历。
4:临觞忽不御，惆怅远行客。
```

【例 11.4】读取 tt.txt 文件的内容（源代码\ch11\11.4.py）。

```
fu=open('tt.txt')                    #打开文件
print ("文件名为: ", fu.name)        #输出文件的名称
line = fu.readline()
print ("读取数据为: %s" % (line))
post = fu.tell()                     # 获取当前文件位置
print ("当前位置为: %s" % (post))
fu.close()                           #关闭文件
```

输出结果如下：

```
文件名为:  tt.txt
读取数据为: 1:屋上春鸠鸣，村边杏花白。

当前位置为: 28
```

11.3.5　truncate()方法

truncate()方法用于截断文件。

truncate()方法的语法格式如下：

```
fileObject.truncate( [ size ])
```

其中，size 为可选参数。若指定 size，则表示截断文件为 size 个字符；若没有指定 size，则重置到当前位置。

【例 11.5】使用 truncate()方法截断 tt.txt 文件的内容（源代码\ch11\11.5.py）。

```
fu=open('tt.txt','r+')               #打开文件
print ("文件名为: ", fu.name)        #输出文件的名称
line = fu.readline()
print ("读取数据为: %s" % (line))
fu.truncate()                        #从当前文件位置截断文件
line = fu.readlines()
print ("当前位置为: %s" % (line))
```

```
fu.close()                                    #关闭文件
```

输出结果如下：

```
文件名为：tt.txt
读取数据为：1:屋上春鸠鸣，村边杏花白。

当前位置为：['2:持斧伐远扬，荷锄觇泉脉。\n', '3:归燕识故巢，旧人看新历。\n', '4:临觞忽不御，惆怅远行客。\n']
```

读者也可以指定需要截断的字符数。例如：

```
fu=open('tt.txt','r+')                       #打开文件
print ("文件名为：", fu.name)                  #输出文件的名称
fu.truncate(10)                              #截断 10 字节
line = fu.read()
print ("读取数据为：%s" % (line))
fu.close()                                   #关闭文件
```

输出结果如下：

```
文件名为：tt.txt
读取数据为：1:屋上春鸠
```

在使用 truncate()方法时，截取 10 个字符，其中一个汉字将占用两个字符。

11.3.6　seek()方法

seek()方法用于移动文件读取指针到指定位置。
seek()方法的语法格式如下：

```
fileObject.seek(offset[, whence])
```

其中，参数 offset 表示开始的偏移量，即需要移动偏移的字节数；参数 whence 为可选参数，表示从哪个位置开始偏移，默认值为 0。若指定 whence 为 1，则表示从当前位置算起；若指定 whence 为 2，则表示从文件末尾算起。

【例 11.6】使用 seek()方法设置文件的当前位置（源代码\ch11\11.6.py）。

```
fu=open('tt.txt','r+')                       #打开文件
print ("文件名为：", fu.name)                  #输出文件的名称
line = fu.readline()
print ("读取数据为：%s" % (line))
fu.seek(0, 0)                                #重新设置文件读取指针到开头
line = fu.readline()
print ("读取的数据为：%s" % (line))
fu.close()                                   #关闭文件
```

输出结果如下：

```
文件名为：tt.txt
```

读取数据为：1:屋上春鸠
读取的数据为：1:屋上春鸠

11.4　写入文件

Python 提供了两个写入文件的方法，即 write() 和 writelines()。

11.4.1　将字符串写入文件

write() 方法用于向文件中写入指定字符串。在文件关闭前或缓冲区刷新前，字符串内容存储在缓冲区中，此时在文件中看不到写入的内容。

write() 方法的语法格式如下：

```
fileObject.write( [ str ])
```

其中，参数 str 为需要写入文件中的字符串。例如创建一个文本文件 te.txt，内容如下：

坠素翻红各自伤，青楼烟雨忍相忘。

【例 11.7】将字符串的内容添加到 te.txt 文件中（源代码\ch11\11.7.py）。

```
fu=open('te.txt','r+')                    #打开文件
print ("文件名为: ", fu.name)            #输出文件的名称
str="将飞更作回风舞，已落犹成半面妆。"
fu.seek(0,2)                              #设置位置为文件末尾处
line=fu.write(str)                        #将字符串内容添加到文件末尾处
fu.seek(0,0)                              #设置位置为文件开始处
print(fu.read())
fu.close()                               #关闭文件
```

输出结果如下：

```
文件名为:  te.txt
坠素翻红各自伤，青楼烟雨忍相忘。将飞更作回风舞，已落犹成半面妆。
```

如果用户需要换行输入内容，就可以使用"\n"。例如：

```
fu=open('te.txt','r+')                    #打开文件
print ("文件名为: ", fu.name)            #输出文件的名称
str="\n 沧海客归珠有泪，章台人去骨遗香。可能无意传双蝶，尽付芳心与蜜房。"
fu.seek(0,2)                              #设置位置为文件末尾处
line=fu.write(str)                        #将字符串内容添加到文件末尾处
fu.seek(0,0)                              #设置位置为文件开始处
print(fu.read())
fu.close()                               #关闭文件
```

输出结果如下：

```
文件名为:  te.txt
```

坠素翻红各自伤，青楼烟雨忍相忘。将飞更作回风舞，已落犹成半面妆。
沧海客归珠有泪，章台人去骨遗香。可能无意传双蝶，尽付芳心与蜜房。

11.4.2　写入多行

writelines()方法可以向文件写入一个序列字符串列表，若需要换行，则要加入每行的换行符。
writelines()方法的语法格式如下：

```
file.writelines([str])
```

其中，参数 str 为写入文件的字符串序列。例如创建一个空白内容的文本文件 tw.txt，将字符串
列表的内容写入 tw.txt 文件中。

【例 11.8】将字符串列表的内容写入 tw.txt 文件中（源代码\ch11\11.8.py）。

```
fu=open('tw.txt','w')               #打开文件
print ("文件名为: ", fu.name)        #输出文件的名称
sq=["山冥云阴重，天寒雨意浓。\n", "数枝幽艳湿啼红。莫为惜花惆怅对东风。\n","蓑笠朝朝出,
沟塍处处通。\n", "人间辛苦是三农。要得一犁水足望年丰。"]
fu.writelines(sq)                    #将字符串列表内容添加到文件中
fu.close()
```

写入完成后，查看 tw.txt 的内容，输出结果如图 11-1 所示。

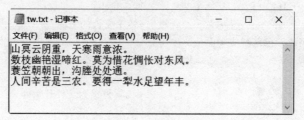

图 11-1　tw.txt 的内容

11.4.3　修改文件内容

使用 writelines()方法还可以修改文件的内容。例如定义一个文本文件 tm.txt，内容如下：

雨过横塘水满堤，
雨过横塘水满堤，
一番桃李花开尽，
惟有青青草色齐。

【例 11.9】使用 writelines()方法修改 tm.txt 的文本内容（源代码\ch11\11.9.py）。

```
fu=open('tm.txt')           #打开文件
lines=fu.readlines()
fu.close()
lines[1]= '乱山高下路东西。\n '
fu=open('tm.txt','w')       #打开文件
fu.writelines(lines)
```

```
fu.close()
```

修改完成后，查看 tm.txt 的内容，输出结果如图 11-2 所示。

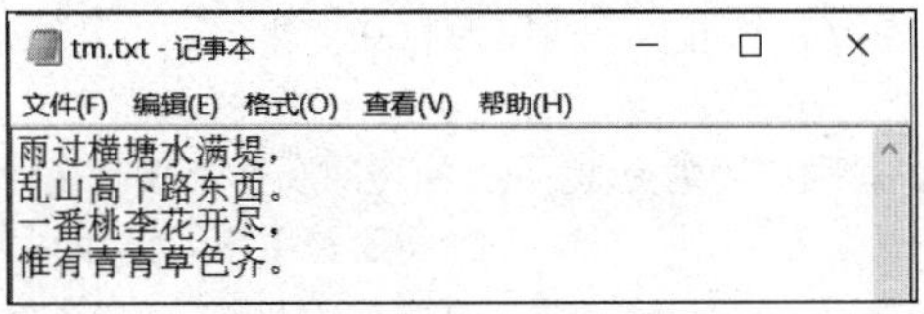

图 11-2　tm.txt 的内容

11.4.4　附加到文件

用户可以将一个文件的内容全部附加到另一个文件中。例如创建一个文本文件 tk.txt，内容如下：

双飞燕子几时回？夹岸桃花蘸水开。

创建一个文本文件 to.txt，内容如下：

春雨断桥人不渡，小舟撑出柳阴来。

【例 11.10】将 to.txt 的内容附加到 tk.txt 内容的结尾处（源代码\ch11\11.10.py）。

```
file = open("to.txt","r" )
content = file.read()      #将 to 的内容赋值给变量 content
file.close()
fileadd = open( "tk.txt","a" )     #以追加模式打开 tk.txt 文件
fileadd.write(content)      #将变量 content 的内容添加到 tk.txt 文件内容的结尾处
fileadd.close()
fileadd = open( "tk.txt","r" )
print(fileadd.read())      #查看 tk.txt 文件的内容
fileadd.close()
```

输出结果如下：

双飞燕子几时回？夹岸桃花蘸水开。春雨断桥人不渡，小舟撑出柳阴来。

从结果可以看出，to.txt 文件的内容已经附加到 tk.txt 文件中。

注意：如果打开 tk.txt 时不是以附加的模式，而是以写模式（w），就会发现 tk.txt 文件的原始内容被覆盖了。

11.5　刷新文件

flush()方法是用来刷新缓冲区的，即将缓冲区中的数据立刻写入文件，同时清空缓冲区，不需要被动地等待输出缓冲区写入。一般情况下，文件关闭后会自动刷新缓冲区，但有时需要在关闭前刷新它，这时就可以使用 flush()方法。

flush()方法的语法格式如下：

```
fileObject.flush()
```

例如：

```
fu = open('tt.txt','r+')                #打开文件
print ("文件名为: ", fu.name)            #输出文件的名称
str = "好风胧月清明夜，碧砌红轩刺史家。\n 独绕回廊行复歇，遥听弦管暗看花。"
print(fu.write(str))                    #将字符串内容添加到文件中
fu.flush()                              #刷新缓冲区
fu.close()                              #关闭文件
```

输出结果如下：

```
文件名为:  D:\file\tt.txt
33
```

11.6　复制文件

下面分别讲解如何复制文本文件和二进制文件。

11.6.1　复制文本文件

这里将复制文件 f1.txt 为 f2.txt。首先创建 f1.txt 文件并输入演示内容，然后读取文件的内容，最后将读取的内容写入新文件 f2.txt 中即可。

【例 11.11】复制文本文件（源代码\ch11\11.11.py）。

```
filename='f1.txt'
with open(filename,'r',encoding='utf-8') as f:     #以只读的方式打开文件 f1.txt
    lines = f.readlines()                   #读取所有数据到一个列表中
    filename2='f2.txt'
    with open(filename2,'w',encoding='utf-8') as copy_f:
        copy_f.writelines(lines)            #将列表数据 lines 写入文件中
        print('文本文件复制成功')
```

输出结果如下：

```
文本文件复制成功
```

11.6.2　复制二进制文件

这里以复制二进制文件 pic.png 为例进行讲解。

【例 11.12】复制文本文件（源代码\ch11\11.12.py）。

```
filename='pic.png'
with open(filename,'rb') as f:     #以只读的方式打开二进制文件 pic.png
    b = f.read ()        #读取所有数据并保存在字节对象 b 中
```

```
filename2='pic2.png'
with open(filename2,'wb') as copy_f:  #以只写模式打开复制后的文件 pic2.png
    copy_f.write(b)   #将字节数据 b 写入文件中
    print('二进制文件复制成功')
```

输出结果如下：

```
二进制文件复制成功
```

第12章

图形用户界面

图形用户界面（Graphical User Interface，GUI）又称图形用户接口，是指采用图形方式显示的计算机操作用户界面。Python 提供了多个图形界面的开发库，推荐使用官方提供的 tkinter 进行图形化处理。tkinter 是 Python 的标准 GUI 库，应用非常广泛。本章将重点学习 tkinter 的使用方法及 tkinter 中各控件的具体操作方法。通过对本章内容的学习，读者可以轻松地制作出符合要求的图形用户界面。

12.1　使用 tkinter

tkinter 是 Python 的标准 GUI 库。由于 tkinter 是内置到 Python 安装包中的，因此只要安装好 Python 就能加载 tkinter。对于简单的图形界面，使用 tkinter 可以轻松完成。

因为当安装好 Python 时，tkinter 也会随之安装好，所以用户要使用 tkinter 的功能，只需要执行如下命令加载 tkinter 模块即可。

```
import tkinter
```

下面的示例使用 tkinter 创建一个简单的图形用户界面。

【例 12.1】创建一个简单的图形用户界面（源代码\ch12\12.1.py）。

```
import tkinter
win = tkinter.Tk()
win.title(string = "古诗鉴赏")
b = tkinter.Label(win, text="火树银花合，星桥铁锁开。暗尘随马去，明月逐人来。", font=("微软雅黑",14))
b.pack()
win.mainloop()
```

示例代码分析如下：

（1）第 1 行：加载 tkinter 模块。

（2）第 2 行：使用 tkinter 模块的 Tk()方法创建一个主窗口。win 是此窗口的句柄。如果用户多次调用 Tk()方法，就可以创建多个主窗口。

（3）第 3 行：设置用户界面的标题为"古诗鉴赏"。

（4）第 4 行：使用 tkinter 模块的 Label()方法在窗口内创建一个标签控件。其中，参数 win 是该窗口的句柄，参数 text 是标签控件的文字。Label()方法返回此标签控件的句柄。

注意：tkinter 也支持 Unicode 字符串。

（5）第 5 行：调用标签控件的 pack()方法设置窗口的位置、大小等选项。后面章节将会详细讲解 pack()方法的使用。

（6）第 6 行：开始窗口的事件循环。

保存并运行程序，结果如图 12-1 所示。

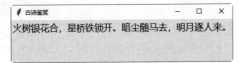

图 12-1　程序运行结果

如果想要关闭此窗口，那么只要单击窗口右上方的"关闭"⊠按钮即可。

12.2　认识 tkinter 的控件

tkinter 包含 15 个控件，如表 12-1 所示。

表12-1　tkinter的控件

控件名称	说　明
Button	按钮控件，在程序中显示按钮
Canvas	画布控件，用来画图形，如线条及多边形等
Checkbutton	多选框控件，用于在程序中提供多项选择框
Entry	输入控件，定义一个简单的文字输入字段
Frame	框架控件，定义一个窗体，以作为其他控件的容器
Label	标签控件，定义一个文字或图片标签
Listbox	列表框控件，定义一个下拉方块
Menu	菜单控件，定义一个菜单栏、下拉菜单和弹出菜单
Menubutton	菜单按钮控件，用于显示菜单项
Message	消息控件，定义一个对话框
Radiobutton	单选按钮控件，定义一个单选按钮
Scale	范围控件，定义一个滑动条，以帮助用户设置数值
Scrollbar	滚动条控件，定义一个滚动条
Text	文本控件，定义一个文本框
Toplevel	此控件与 Frame 控件类似，可以作为其他控件的容器。但是此控件有自己的最上层窗口，可以提供窗口管理接口

1．大小的测量单位

一般在测量 tkinter 控件内的大小时以像素为单位。定义 Button 控件的文字与边框之间的水平距离为 20 像素，代码如下：

```
Button(win, padx=20, text="关闭", command=win.quit).pack()
```

也可以使用其他测量单位，如 cm（厘米）、mm（毫米）、in（英寸）、pt（打印机一个点的大小）。

2．共同属性

每一个 tkinter 控件都有以下共同属性：

（1）anchor：定义控件在窗口内的位置或文字信息在控件内的位置，可以是 N（北）、NE（东北）、E（东）、SE（东南）、S（南）、SW（西南）、W（西）、NW（西北）或 CENTER（中间）。

（2）background(bg)：定义控件的背景颜色，颜色值可以是表 12-2 中的名称，也可以是 "#rrggbb" 形式的数字。用户可以使用 background 或 bg。

（3）bitmap：定义显示在控件内的 bitmap 图片文件。

（4）borderwidth：定义控件的边框宽度，单位是像素。

（5）command：当控件有特定的动作发生时，如单击按钮，定义动作发生时所调用的 Python 函数。

（6）cursor：定义当鼠标指针移到控件上时鼠标指针的类型，可使用的鼠标指针类型有 crosshair、watch、xterm、fleur 及 arrow。

（7）font：如果控件支持标题文字，就可以使用此属性来定义标题文字的字体格式。此属性是一个元组格式：（字体，大小，字体样式），字体样式可以是 bold、italic、underline 及 overstrike。用户可以同时设置多个字体样式，中间以空白隔开。

（8）foreground(fg)：定义控件的前景（文字）颜色，颜色值可以是表 12-2 中的名称，也可以是 "#rrggbb" 形式的数字。用户可以使用 foreground 或 fg。

（9）height：如果是 Button、Label 或 Text 控件，此属性定义以字符数目为单位的高度。其他的控件则是定义以像素为单位的高度。

表12-2　Windows操作系统的颜色名称常数

SystemActiveBorder	SystemActiveCaption	SystemAppWorkspace
SystemBackground	SystemButtonFace	SystemButtonHighlight
SystemButtonShadow	SystemButtonText	SystemCaptionText
SystemDisabledText	SystemHighlight	SystemHighlightText
SystemInavtiveBorder	SystemInavtiveCaption	SystemInactiveCaptionText
SystemMenu	SystemMenuText	SystemScrollbar
SystemWindow	SystemWindowFrame	SystemWindowText

下面的示例定义一个字符高度为 5 的按钮。

```
Button(win, height=5, text="关闭", command=win.quit).pack()
```

（10）highlightbackground：定义控件在没有键盘焦点时，画 hightlight 区域的颜色。

（11）highlightcolor：定义控件在有键盘焦点时，画 hightlight 区域的颜色。

（12）highlightthickness：定义 hightlight 区域的宽度，以像素为单位。

（13）image：定义显示在控件内的图片文件。

（14）justify：定义多行文字标题的排列方式，此属性可以是 LEFT、CENTER 或 RIGHT。

（15）padx,pady：定义控件内的文字或图片与控件边框之间的水平和垂直距离。下面的示例定义按钮内的文字与边框之间的水平距离为 20 像素，垂直距离为 40 像素。

```
Button(win, padx=20, pady=40, text="关闭", command=win.quit).pack()
```

（16）relief：定义控件的边框形式。所有的控件都有边框，不过有些控件的边框默认是不可见的。如果是 3D 形式的边框，那么此属性可以是 SUNKEN、RIDGE、RAISED 或 GROOVE；如果是 2D 形式的边框，那么此属性可以是 FLAT 或 SOLID。

下面的示例定义一个平面的按钮。

```
Button(win, relief=FLAT, text="关闭", command=win.quit).pack()
```

（17）text：定义控件的标题文字。

（18）variable：将控件的数值映射到一个变量。当控件的数值改变时，此变量也会跟着改变。同样地，当变量改变时，控件的数值也会跟着改变。此变量是 StringVar 类、IntVar 类、DoubleVar 类及 BooleanVar 类的实例变量，这些实例变量可以分别使用 get() 与 set() 方法读取与设置。

（19）width：如果是 Button、Label 或 Text 控件，此属性定义以字符数目为单位的宽度。其他控件则是定义以像素为单位的宽度。

下面的示例定义一个字符宽度为 16 的按钮。

```
Button(win, width=16, text="关闭", command=win.quit).pack()
```

12.3　布局控件的位置

所有 tkinter 控件都可以使用以下方法设置控件在窗口内的位置：

（1）pack() 方法：将控件放置在父控件内之前，规划此控件在区块内的位置。

（2）grid() 方法：将控件放置在父控件内之前，规划此控件为一个表格类型的架构。

（3）place() 方法：将控件放置在父控件内的特定位置。

12.3.1　pack() 方法

pack() 方法依照其内的属性设置，将控件放置在 Frame 控件（窗体）或窗口内。当用户创建一个 Frame 控件后，就可以放入控件。Frame 控件内存储控件的位置叫作 parcel。

如果用户想要将一组控件依照顺序放入，就必须将这些控件的 anchor 属性设成相同的。如果没有设置任何选项，这些控件就会从上而下排列。

pack() 方法有以下选项：

（1）expand：此选项让控件使用所有剩下的空间。如此，当窗口改变大小时，才能让控件使用多余的空间。如果 expand 等于 1，当窗口改变大小时，窗体就会占满整个窗口剩余的空间；如果 expand 等于 0，当窗口改变大小时，窗体就维持不变。

（2）fill：此选项决定控件如何填满 parcel 的空间，可以是 X、Y、BOTH 或 NONE，此选项必须在 expand 等于 1 时才有作用。当 fill 等于 X 时，窗体会占满整个窗口 X 方向剩余的空间；当 fill 等于 Y 时，窗体会占满整个窗口 Y 方向剩余的空间；当 fill 等于 BOTH 时，窗体会占满整个窗口剩余的空间；当 fill 等于 NONE 时，窗体维持不变。

（3）ipadx、ipady：这 2 个选项与 fill 选项共同使用，以定义窗体内的控件与窗体边界之间的距离。此选项的单位是像素，也可以是其他测量单位，如厘米、英寸等。

（4）padx、pady：这 2 个选项定义控件之间的距离，单位是像素，也可以是其他测量单位，如厘米、英寸等。

（5）side：此选项定义控件放置的位置，可以是 TOP（靠上对齐）、BOTTOM（靠下对齐）、LEFT（靠左对齐）或 RIGHT（靠右对齐）。

下面的示例是在窗口内创建 4 个窗体，在每一个窗体内创建 3 个按钮，使用不同的参数创建这些窗体与按钮。

【例 12.2】使用 pack()方法（源代码\ch12\12.2.py）。

```python
from tkinter import *
#主窗口
win = Tk()
#创建第一个窗体
frame1 = Frame(win, relief=RAISED, borderwidth=2)
frame1.pack(side=TOP, fill=BOTH, ipadx=13, ipady=13, expand=0)
Button(frame1, text="Button 1").pack(side=LEFT, padx=13, pady=13)
Button(frame1, text="Button 2").pack(side=LEFT, padx=13, pady=13)
Button(frame1, text="Button 3").pack(side=LEFT, padx=13, pady=13)
#创建第二个窗体
frame2 = Frame(win, relief=RAISED, borderwidth=2)
frame2.pack(side=BOTTOM, fill=NONE, ipadx="1c", ipady="1c", expand=1)
Button(frame2, text="Button 4").pack(side=RIGHT, padx="1c", pady="1c")
Button(frame2, text="Button 5").pack(side=RIGHT, padx="1c", pady="1c")
Button(frame2, text="Button 6").pack(side=RIGHT, padx="1c", pady="1c")
#创建第三个窗体
frame3 = Frame(win, relief=RAISED, borderwidth=2)
frame3.pack(side=LEFT, fill=X, ipadx="0.1i", ipady="0.1i", expand=1)
Button(frame3, text="Button 7").pack(side=TOP, padx="0.1i", pady="0.1i")
Button(frame3, text="Button 8").pack(side=TOP, padx="0.1i", pady="0.1i")
Button(frame3, text="Button 9").pack(side=TOP, padx="0.1i", pady="0.1i")
#创建第四个窗体
frame4 = Frame(win, relief=RAISED, borderwidth=2)
frame4.pack(side=RIGHT, fill=Y, ipadx="13p", ipady="13p", expand=1)
Button(frame4, text="Button 13").pack(side=BOTTOM, padx="13p", pady="13p")
Button(frame4, text="Button 11").pack(side=BOTTOM, padx="13p", pady="13p")
```

```
Button(frame4, text="Button 12").pack(side=BOTTOM, padx="13p", pady="13p")
#开始窗口的事件循环
win.mainloop()
```

保存并运行程序，结果如图 12-2 所示。

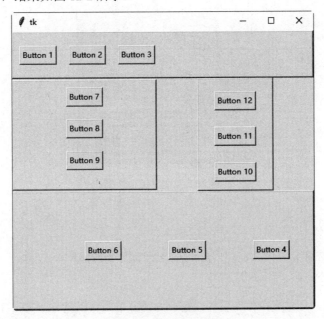

图 12-2　程序运行结果

12.3.2　grid()方法

grid()方法将控件依照表格的行列方式放置在窗体或窗口内。

grid()方法有以下选项：

（1）row：此选项设置控件在表格中的第几列。

（2）column：此选项设置控件在表格中的第几栏。

（3）columnspan：此选项设置控件在表格中合并栏的数目。

（4）rowspan：此选项设置控件在表格中合并列的数目。

【例 12.3】使用 grid()方法创建一个 5×5 的按钮数组（源代码\ch12\12.3.py）。

```
from tkinter import *
#主窗口
win = Tk()
#创建窗体
frame = Frame(win, relief=RAISED, borderwidth=2)
frame.pack(side=TOP, fill=BOTH, ipadx=5, ipady=5, expand=1)
#创建按钮数组
for i in range(5):
    for j in range(5):
        Button(frame, text="(" + str(i) + "," + str(j)+ ")").grid(row=i, column=j)
```

```
#开始窗口的事件循环
win.mainloop()
```

保存并运行程序，结果如图 12-3 所示。

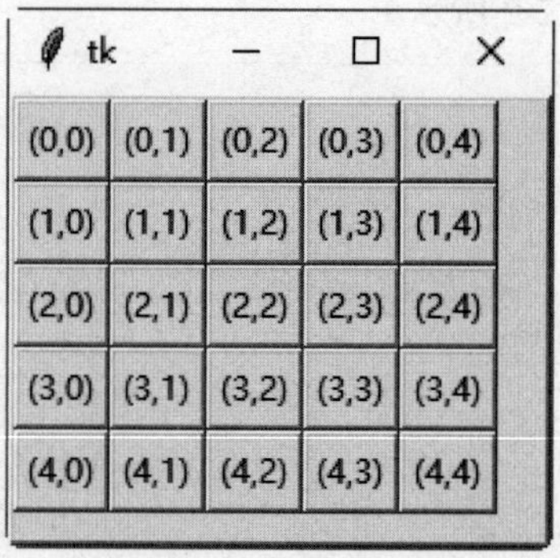

图 12-3　程序运行结果

12.3.3　place()方法

place()方法设置控件在窗体或窗口内的绝对地址或相对地址。

place()方法有以下选项：

（1）anchor：此选项定义控件在窗体或窗口内的方位，可以是 N、NE、E、SE、S、SW、W、NW 或 CENTER。默认值是 NW，表示在左上角方位。

（2）bordermode：此选项定义控件的坐标是否要考虑边界的宽度。此选项可以是 OUTSIDE 或 INSIDE，默认值是 INSIDE。

（3）height：此选项定义控件的高度，单位是像素。

（4）width：此选项定义控件的宽度，单位是像素。

（5）in(in_)：此选项定义控件相对于参考控件的位置。若在键值中使用，则必须使用 in_。

（6）relheight：此选项定义控件相对于参考控件（使用 in_选项）的高度。

（7）relwidth：此选项定义控件相对于参考控件（使用 in_选项）的宽度。

（8）relx：此选项定义控件相对于参考控件（使用 in_选项）的水平位移。若没有设置 in_选项，则是相对于父控件的水平位移。

（9）rely：此选项定义控件相对于参考控件（使用 in_选项）的垂直位移。若没有设置 in_选项，则是相对于父控件的垂直位移。

（10）x：此选项定义控件的绝对水平位置，默认值是 0。

（11）y：此选项定义控件的绝对垂直位置，默认值是 0。

下面的示例使用 place()方法创建两个按钮。第一个按钮的位置在距离窗体左上角的(40, 40)坐标处，第二个按钮的位置在距离窗体左上角的(140, 80)坐标处。按钮的宽度均为 80 像素，高度均为 40 像素。

【例 12.4】使用 place()方法（源代码\ch12\12.4.py）。

```
from tkinter import *
```

```
win = Tk()
#创建窗体
frame = Frame(win, relief=RAISED, borderwidth=2, width=400, height=300)
frame.pack(side=TOP, fill=BOTH, ipadx=5, ipady=5, expand=1)
#第一个按钮的位置在距离窗体左上角的(40, 40)坐标处
button1 = Button(frame, text="Button 1")
button1.place(x=40, y=40, anchor=W, width=80, height=40)
#第二个按钮的位置在距离窗体左上角的(140, 80)坐标处
button2 = Button(frame, text="Button 2")
button2.place(x=140, y=80, anchor=W, width=80, height=40)
win.mainloop()
```

保存并运行程序，结果如图 12-4 所示。

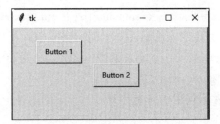

图 12-4　程序运行结果

12.4　tkinter 的事件

有时候在使用 tkinter 创建图形模式应用程序的过程中需要处理一些事件，如键盘、鼠标等动作。只要设置好事件处理例程（此函数称为 callback），就可以在控件内处理这些事件。使用的语法如下：

```
def function(event):

widget.bind("<event>", function)
```

参数的含义如下：

（1）widget 是 tkinter 控件的实例变量。

（2）<event>是事件的名称。

（3）function 是事件处理例程。tkinter 会传给事件处理例程一个 event 变量，此变量内包含事件发生时的 x、y 坐标（鼠标事件）及 ASCII 码（键盘事件）等。

12.4.1　事件的属性

当某个事件发生时，tkinter 会传给事件处理例程一个 event 变量，此变量包含以下属性：

（1）char：键盘的字符码，如"a"键的 char 属性等于"a"，F1 键的 char 属性无法显示。

（2）keycode：键盘的 ASCII 码，如"a"键的 keycode 属性等于 65。

（3）keysym：键盘的符号，如"a"键的 keysym 属性等于"a"，F1 键的 keysym 属性等于"F1"。

（4）height,width：控件的高度与宽度，单位是像素。

（5）num：事件发生时的鼠标按键码。

（6）widget：事件发生所在的控件实例变量。

（7）x,y：目前的鼠标光标位置。

（8）x_root,y_root：相对于屏幕左上角目前的鼠标光标位置。

（9）type：显示事件的种类。

12.4.2　事件绑定方法

用户可以使用 tkinter 控件的以下方法将控件与事件绑定起来。

（1）after(milliseconds [, callback [, arguments]])：在 milliseconds 事件后调用 callback 函数，arguments 是 callback 函数的参数。此方法返回一个 identifier 值，可以应用在 after_cancel()方法中。

（2）after_cancel(identifier)：取消 callback 函数，identifier 是 after()函数的返回值。

（3）after_idle(callback, arguments)：当系统在 idle 状态（无事可做）时，调用 callback 函数。

（4）bindtags()：返回控件所使用的绑定搜索顺序。返回值是一个元组，包含搜索绑定所用的命名空间。

（5）bind(event, callback)：设置 event 事件的处理函数 callback。可以使用 bind(event, callback, "+")格式设置多个 callback 函数。

（6）bind_all(event, callback)：设置 event 事件的处理函数 callback。可以使用 bind_all(event, callback, "+")格式设置多个 callback 函数。此方法可以设置公用的快捷键。

（7）bind_class(widgetclass, event, callback)：设置 event 事件的处理函数 callback，此 callback 函数由 widgetcalss 类而来。可以使用 bind_class(widgetclass, event, callback, "+")格式设置多个 callback 函数。

（8）<Configure>：此实例变量可以用于指示控件的大小改变，或者移到新的位置。

（9）unbind(event)：删除 event 事件与 callback 函数的绑定。

（10）unbind_all(event)：删除应用程序附属的 event 事件与 callback 函数的绑定。

（11）unbind_class(event)：删除 event 事件与 callback 函数的绑定。此 callback 函数由 widgetcalss 类而来。

12.4.3　鼠标事件

当处理鼠标事件时，1 代表鼠标左键，2 代表鼠标中间键，3 代表鼠标右键。鼠标事件说明如下：

（1）<Enter>：此事件在鼠标指针进入控件时发生。

（2）<Leave>：此事件在鼠标指针离开控件时发生。

（3）<Button-1>、<ButtonPress-1>、或<1>：此事件在控件上单击鼠标左键时发生。同理，<Button-2>是在控件上单击鼠标中间键时发生，<Button-3>是在控件上单击鼠标右键时发生。

（4）<B1-Motion>：此事件在单击鼠标左键、移动控件时发生。

（5）<ButtonRelease-1>：此事件在释放鼠标左键时发生。

（6）<Double-Button-1>：此事件在双击鼠标左键时发生。

12.4.4　键盘事件

thinter 事件可以处理所有的键盘事件，包括 Ctrl、Alt、F1、Home 等特殊键。

键盘事件说明如下：

（1）<Key>：此事件在按下 ASCII 码 48~90 时发生，即数字键、字母键及+、~等符号。

（2）<Control-Up>：此事件在按下 Ctrl+Up 组合键时发生。同理，可以使用类似的名称在 Alt、Shift 键后加上 Up、Down、Left 与 Right 键。

（3）其他按键，使用其按键名称，包括<Return>、 <Escape>、<F1>、<F2>、<F3>、<F4>、<F5>、<F6>、<F7>、<F8>、<F9>、<F13>、<F11>、<F12>、<Num_Lock>、<Scroll_Lock>、<Caps_Lock>、<Print>、<Insert>、<Delete>、<Pause>、<Prior>（Page Up）、<Next>（Page Down）、<BackSpace>、<Tab>、<Cancel>（Break）、<Control_L>（任何的 Ctrl 键）、<Alt_L>（任何的 Alt 键）、<Shift_L>（任何的 Shift 键）、<End>、<Home>、<Up>、<Down>、<Left>、<Right>。

下面的示例是在窗口内创建一个窗体，在窗体内创建一个文字标签。在主窗口内处理所有的键盘事件，当有按键时，将键盘的符号与 ASCII 码写入文字标签内。

【例 12.5】使用 tkinter 事件（源代码\ch12\12.5.py）。

```python
from tkinter import *
#处理在窗体内按下键盘按键(非功能键)的事件
def handleKeyEvent(event):
    label1["text"] = "You press the " + event.keysym + " key\n"
    label1["text"] += "keycode = " + str(event.keycode)
win = Tk()
#创建窗体
frame = Frame(win, relief=RAISED, borderwidth=2, width=300, height=200)
#将主窗口与键盘事件连接
eventType = ["Key", "Control-Up", "Return", "Escape", "F1", "F2", "F3", "F4",
"F5",
    "F6", "F7", "F8", "F9", "F13", "F11", "F12", "Num_Lock", "Scroll_Lock",
    "Caps_Lock", "Print", "Insert", "Delete", "Pause", "Prior", "Next",
"BackSpace",
    "Tab", "Cancel", "Control_L", "Alt_L", "Shift_L", "End", "Home", "Up", "Down",
    "Left", "Right"]
    for type in eventType:
        win.bind("<" + type + ">", handleKeyEvent)
#文字标签，显示键盘事件的种类
label1 = Label(frame, text="No event happened", foreground="#0000ff", \
  background="#00ff00")
label1.place(x=16, y=20)
#设置窗体的位置
frame.pack(side=TOP)
win.mainloop()
```

保存并运行程序，按下键盘上的 t 键，结果如图 12-5 所示。

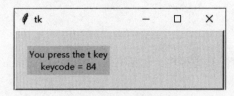

图 12-5 程序运行结果

12.5 Button 控件

Button 控件用于创建按钮，按钮内可以显示文字或图片。Button 控件的方法如下：

（1）flash()：将前景颜色与背景颜色互换，以产生闪烁的效果。

（2）invoke()：执行 command 属性所定义的函数。

Button widget 的属性如下：

（1）activebackground：按钮在作用时的背景颜色。

（2）activeforeground：按钮在作用时的前景颜色。例如：

```
Button(win, activeforeground="#ff0000", activebackground="#00ff00", \
  text="关闭", command=win.quit).pack()
```

（3）bitmap：显示在按钮上的位图，此属性只有在忽略 image 属性时才有用。此属性一般可以设置为 gray12、gray25、gray50、gray75、hourglass、error、questhead、info、warning 或 question。也可以直接使用 XBM(X Bitmap)文件，在 XBM 文件名称前添加一个@符号，如 bitmap=@hello.xbm。例如：

```
Button(win, bitmap="question", command=win.quit).pack()
```

（4）default：若设置此属性，则该按钮为默认按钮。

（5）disabledforeground：按钮在无作用时的前景颜色。

（6）image：显示在按钮上的图片，此属性的顺序在 text 与 bitmap 属性之前。

（7）state：定义按钮的状态，可以是 NORMAL、ACTIVE 或 DISABLED。

（8）takefocus：定义用户是否可以使用 Tab 键，以改变按钮的焦点。

（9）text：显示在按钮上的文字。如果定义了 bitmap 或 image 属性，text 属性就不会被使用。

（10）underline：一个整数偏移值，表示按钮上的文字中哪一个字符要加下画线。第一个字符的偏移值是 0。

【例 12.6】在按钮的第一个文字上添加下画线（源代码\ch12\12.6.py）。

```
from tkinter import *
win = Tk()
Button(win, text="公司主页面", underline=0, command=win.quit).pack()
```

```
win.mainloop()
```

保存并运行程序，结果如图 12-6 所示。

图 12-6 程序运行结果

12.6 Canvas 控件

Canvas 控件用于创建与显示图形，如弧形、位图、图片、线条、椭圆形、多边形及矩形等。
Canvas 控件的方法如下：

（1）create_arc(coord, start, extent, fill)：创建一个弧形。其中，参数 coord 定义画弧形区块的左上角与右下角坐标，参数 start 定义画弧形区块的起始角度（逆时针方向），参数 extent 定义画弧形区块的结束角度（逆时针方向），参数 fill 定义填满弧形区块的颜色。

（2）create_bitmap(x, y, bitmap)：创建一个位图。其中，参数 x 与 y 定义位图的左上角坐标；参数 bitmap 定义位图的来源，可为 gray12、gray25、gray50、gray75、hourglass、error、questhead、info、warning 或 question。也可以直接使用 XBM(X Bitmap)文件，在 XBM 文件名称前添加一个@符号，如 bitmap=@hello.xbm。

（3）create_image(x, y, image)：创建一个图片。其中，参数 x 与 y 定义图片的左上角坐标；参数 image 定义图片的来源，必须是 tkinter 模块的 BitmapImage 类或 PhotoImage 类的实例变量。

（4）create_line(x0, y0, x1, y1, ... , xn, yn, options)：创建一个线条。其中，参数 x0,y0,x1,y1,...,xn,yn 定义线条的坐标，参数 options 可以是 width 或 fill。width 定义线条的宽度，默认值是 1 像素。fill 定义线条的颜色，默认值是 black。

（5）create_oval(x0, y0, x1, y1, options)：创建一个圆形或椭圆形。其中，参数 x0 与 y0 定义绘图区域的左上角坐标，参数 x1 与 y1 定义绘图区域的右下角坐标，参数 options 可以是 fill 或 outline。fill 定义填满圆形或椭圆形的颜色，默认值是 empty（透明）。outline 定义圆形或椭圆形的外围颜色。

（6）create_polygon(x0, y0, x1, y1, ... , xn, yn, options)：创建一个至少 3 个点的多边形。其中，参数 x0, y0, x1, y1, ..., xn, yn 定义多边形的坐标，参数 options 可以是 fill、outline 或 splinesteps。fill 定义填满多边形的颜色，默认值是 black。outline 定义多边形的外围颜色，默认值是 black。splinestepsg 是一个整数，定义曲线的平滑度。

（7）create_rectangle(x0, y0, x1, y1, options)：创建一个矩形。其中，参数 x0 与 y0 定义矩形的左上角坐标，参数 x1 与 y1 定义矩形的右下角坐标，参数 options 可以是 fill 或 outline。fill 定义填满矩形的颜色，默认值是 empty（透明）。outline 定义矩形的外围颜色，默认值是 black。

（8）create_text(x0, y0, text, options)：创建一个文字字符串。其中，参数 x0 与 y0 定义文字字符串的左上角坐标，参数 text 定义文字字符串的文字，参数 options 可以是 anchor 或 fill。anchor 定义(x0, y0)在文字字符串内的位置，可以是 N、NE、E、SE、S、SW、W、NW 或 CENTER，默认值是 CENTER。fill 定义文字字符串的颜色，默认值是 empty。

下面的示例是在窗口客户区的(13, 50)与(240, 213)坐标间画一个弧形，起始角度是 0，结束角度是 270°，使用红色填满弧形区块。

【例 12.7】绘制一个弧形（源代码\ch12\12.7.py）。

```python
from tkinter import *
win = Tk()
coord = 13, 50, 240, 213
canvas = Canvas(win)
canvas.create_arc(coord, start=0, extent=270, fill="red")
canvas.pack()
win.mainloop()
```

保存并运行程序，结果如图 12-7 所示。

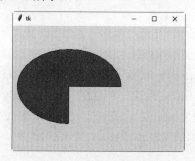

图 12-7　程序运行结果

12.7　Checkbutton 控件

Checkbutton 控件用于创建复选框。Checkbutton 控件的属性如下：

（1）onvalue,offvalue：设置 Checkbutton 控件的 variable 属性指定的变量所要存储的数值。若复选框没有被选中，则此变量的值为 offvalue；若复选框被选中，则此变量的值为 onvalue。

（2）indicatoron：设置此属性为 0，可以将整个控件变成复选框。

Checkbutton 控件的方法如下：

（1）select()：选中复选框，并设置变量的值为 onvalue。
（2）flash()：将前景颜色与背景颜色互换，以产生闪烁的效果。
（3）invoke()：执行 command 属性所定义的函数。
（4）toggle()：改变复选框的状态，如果复选框现在的状态是 on，就改成 off；反之如果是 off，则改成 on。

下面的示例是在窗口客户区内创建 3 个复选框，并将 3 个复选框靠左对齐，然后选择第一个复选框。

【例 12.8】创建 3 个复选框（源代码\ch12\12.8.py）。

```
from tkinter import *
win = Tk()
check1 = Checkbutton(win, text="苹果")
check2 = Checkbutton(win, text="香蕉")
check3 = Checkbutton(win, text="橘子")
check1.select()
check1.pack(side=LEFT)
check2.pack(side=LEFT)
check3.pack(side=LEFT)
win.mainloop()
```

保存并运行程序，结果如图 12-8 所示。

图 12-8　程序运行结果

12.8　Entry 控件

Entry 控件用于在窗体或窗口内创建一个单行文本框。Entry 控件的属性为 textvariable，此属性为用户输入的文字，或者是要显示在 Entry 控件内的文字。Entry 控件的方法为 get()，此方法可以读取 Entry 控件内的文字。

下面的示例是在窗口内创建一个窗体，在窗体内创建一个文本框，让用户输入一个表达式。在窗体内创建一个按钮，单击此按钮即可计算文本框内所输入的表达式。在窗体内创建一个文字标签，将表达式的计算结果显示在此文字标签上。

【例 12.9】创建一个简单的计算器（源代码\ch12\12.9.py）。

```
from tkinter import *
win = Tk()
frame = Frame(win)
#创建一个计算器
def calc():
    #将用户输入的表达式计算出结果后转换为字符串
    result = "= " + str(eval(expression.get()))
    #将计算的结果显示在 Label 控件上
    label.config(text = result)
#创建一个 Label 控件
label = Label(frame)
#创建一个 Entry 控件
```

```
entry = Entry(frame)
#读取用户输入的表达式
expression = StringVar()
#将用户输入的表达式显示在 Entry 控件上
entry["textvariable"] = expression
#创建一个 Button 控件，当用户输入完毕后，单击此按钮即可计算表达式的结果
button1 = Button(frame, text="等于", command=calc)
#设置 Entry 控件为焦点所在
entry.focus()
frame.pack()
#Entry 控件位于窗体的上方
entry.pack()
#Label 控件位于窗体的左方
label.pack(side=LEFT)
#Button 控件位于窗体的右方
button1.pack(side=RIGHT)
frame.mainloop()
```

保存并运行程序，在文本框中输入需要计算的公式，单击"等于"按钮，即可查看运算结果，如图 12-9 所示。

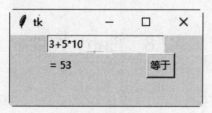

图 12-9　程序运行结果

12.9　Label 控件

Label 控件用于创建一个显示方块，可以在这个显示方块内放置文字或图片。当用户在 Entry 控件内输入数值时，其值会存储在 tkinter 的 StringVar 类内。可以将 Entry 控件的 textvariable 属性设置成 StringVar 类的实例变量，使用户输入的数值自动显示在 Entry 控件上。

```
expression = StringVar()
entry = Entry(frame, textvariable=expression)
entry.pack()
```

此方式也适用于 Label 控件。可以使用 StringVar 类的 set()方法直接写入 Label 控件要显示的文字。例如：

```
expression = StringVar()
Label(frame, textvariable=expression).pack()
expression.set("Hello Python"0
```

下面的示例是在窗口内创建一个 3×3 的窗体表格，在每一个窗体内创建一个 Label 控件。在每一个 Label 控件内加载一幅图片，其中图片的名称分别为 a0.gif~a8.gif，共 9 幅图片。

【例 12.10】创建一个窗体表格（源代码\ch12\12.10.py）。

```python
from tkinter import *
win = Tk()
#设置图片文件的路径
path = ""
img = []
#将 9 幅图片放入一个列表中
for i in range(9):
    img.append(PhotoImage(file=path + "a" + str(i) + ".gif"))
#创建 9 个窗体
frame = []
for i in range(3):
    for j in range(3):
        frame.append(Frame(win, relief=RAISED, borderwidth=1,
width=158,height=112))
        #创建 9 个 Label 控件
        Label(frame[j+i*3], image=img[j+i*3]).pack()
        #将窗体编排成 3×3 的表格
        frame[j+i*3].grid(row=j, column=i)
win.mainloop()
```

保存并运行程序，结果如图 12-10 所示。

图 12-10 程序运行结果

12.10 Listbox 控件

Listbox 控件用于创建一个列表框。列表框内包含许多选项，用户可以选择一项或多项。

Listbox 控件的属性如下：

（1）height：此属性设置列表框的行数目。如果此属性值为 0，就自动设置为能找到的最大选择项数目。

（2）selectmode：此属性设置列表框的种类，可以是 SINGLE、EXTENDED、MULTIPLE 或 BROWSE。

（3）width：此属性设置每一行的字符数目。如果此属性值为 0，就自动设置为能找到的最大字符数目。

Listbox 控件的方法如下：

（1）delete(row [, lastrow])：删除指定行 row，或者删除 row 到 lastrow 之间的行。

（2）get(row)：取得指定行 row 内的字符串。

（3）insert(row , string)：在指定行 row 插入字符串 string。

（4）see(row)：将指定行 row 变成可视。

（5）select_clear()：清除选择项。

（6）select_set(startrow , endrow)：选择 startrow 与 endrow 之间的行。

下面的示例创建一个列表框，并插入 8 个选项。

【例 12.11】创建一个列表框（源代码\ch12\12.11.py）。

```python
from tkinter import *
win = Tk()
#创建窗体
frame = Frame(win)
#创建列表框选项列表
name = ["香蕉", "苹果", "橘子", "西瓜", "桃子", "菠萝", "柚子", "橙子"]
#创建 Listbox 控件
listbox = Listbox(frame)
#清除 Listbox 控件的内容
listbox.delete(0, END)
#在 Listbox 控件内插入选项
for i in range(8):
    listbox.insert(END, name[i])
listbox.pack()
frame.pack()
win.mainloop()
```

保存并运行程序，结果如图 12-11 所示。

图 12-11 程序运行结果

12.11　Menu 控件

Menu 控件用于创建 3 种类型的菜单，即 pop-up（快捷式菜单）、toplevel（主目录）及 pull-down（下拉式菜单）。

Menu 控件的方法如下：

（1）add_command(options)：新增一个菜单项。

（2）add_radiobutton(options)：创建一个单选按钮菜单项。

（3）add_checkbutton(options)：创建一个复选框菜单项。

（4）add_cascade(options)：将一个指定的菜单与其父菜单连接，创建一个新的级联菜单。

（5）add_separator()：新增一个分隔线。

（6）add(type, options)：新增一个特殊类型的菜单项。

（7）delete(startindex [, endindex])：删除 startindex 到 endindex 之间的菜单项。

（8）entryconfig(index, options)：修改 index 菜单项。

（9）index(item)：返回 index 索引值的菜单项标签。

Menu 控件方法如下：

（1）accelerator：设置菜单项的快捷键，该快捷键会显示在菜单项目的右边。注意，此选项并不会自动将快捷键与菜单项连接在一起，必须另行设置。

（2）command：选择菜单项时执行的 callback 函数。

（3）indicatorOn：设置此属性，可以让菜单项选择 on 或 off。

（4）label：定义菜单项内的文字。

（5）menu：此属性与 add_cascade()方法一起使用，用来新增菜单项的子菜单项。

（6）selectColor：菜单项 on 或 off 的颜色。

（7）state：定义菜单项的状态，可以是 normal、active 或 disabled。

（8）onvalue、offvalue：存储在 variable 属性内的数值。当选择菜单项时，将 onvalue 内的数值复制到 variable 属性内。

（9）tearOff：如果此选项为 True，在菜单项目的上面就会显示一个可选择的分隔线。此分隔线会将此菜单项分离出来成为一个新的窗口。

（10）underline：设置菜单项中哪一个字符有下画线。

（11）value：选择按钮菜单项的值。

（12）variable：用于存储数值的变量。

下面的示例创建一个下拉式菜单，并在菜单项目内加入快捷键。

【例 12.12】创建一个下拉式菜单（源代码\ch12\12.12.py）。

```
from tkinter import *
import tkinter.messagebox
win = Tk()
#执行[文件/新建]菜单命令，显示一个对话框
```

```
    def doFileNewCommand(*arg):
        tkinter.messagebox.askokcancel("菜单", "您正在选择"新建"菜单命令")
    #执行[文件/打开]菜单命令，显示一个对话框
    def doFileOpenCommand(*arg):
        tkinter.messagebox.askokcancel ("菜单", "您正在选择"打开"菜单命令")
    #执行[文件/保存]菜单命令，显示一个对话框
    def doFileSaveCommand(*arg):
        tkinter.messagebox.askokcancel ("菜单", "您正在选择"文档"菜单命令")
    #执行[帮助/档]菜单命令，显示一个对话框
    def doHelpContentsCommand(*arg):
        tkinter.messagebox.askokcancel ("菜单", "您正在选择"保存"菜单命令")
    #执行[帮助/文关于]菜单命令，显示一个对话框
    def doHelpAboutCommand(*arg):
        tkinter.messagebox.askokcancel ("菜单", "您正在选择"关于"菜单命令")
    #创建一个下拉式菜单(pull-down)
    mainmenu = Menu(win)
    #新增"文件"菜单的子菜单
    filemenu = Menu(mainmenu, tearoff=0)
    #新增"文件"菜单的菜单项
    filemenu.add_command(label="新建", command=doFileNewCommand,
accelerator="Ctrl-N")
    filemenu.add_command(label="打开",
command=doFileOpenCommand,accelerator="Ctrl-O")
    filemenu.add_command(label="保存",
command=doFileSaveCommand,accelerator="Ctrl-S")
    filemenu.add_separator()
    filemenu.add_command(label="退出", command=win.quit)
    #新增"文件"菜单
    mainmenu.add_cascade(label="文件", menu=filemenu)
    #新增"帮助"菜单的子菜单
    helpmenu = Menu(mainmenu, tearoff=0)
    #新增"帮助"菜单的菜单项
    helpmenu.add_command(label="文档",
command=doHelpContentsCommand,accelerator="F1")
    helpmenu.add_command(label="关于",
command=doHelpAboutCommand,accelerator="Ctrl-A")
    #新增"帮助"菜单
    mainmenu.add_cascade(label="帮助", menu=helpmenu)
    #设置主窗口的菜单
    win.config(menu=mainmenu)
    win.bind("<Control-n>", doFileNewCommand)
    win.bind("<Control-N>", doFileNewCommand)
    win.bind("<Control-o>", doFileOpenCommand)
    win.bind("<Control-O>", doFileOpenCommand)
    win.bind("<Control-s>", doFileSaveCommand)
    win.bind("<Control-S>", doFileSaveCommand)
```

```
win.bind("<F1>", doHelpContentsCommand)
win.bind("<Control-a>", doHelpAboutCommand)
win.bind("<Control-A>", doHelpAboutCommand)
win.mainloop()
```

保存并运行程序，选择"文件"下拉菜单，如图 12-12 所示。选择"打开"子菜单，将会弹出"菜单"对话框，如图 12-13 所示。

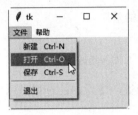

图 12-12　下拉式菜单

图 12-13　"菜单"对话框

12.12　Message 控件

Message 控件用于显示多行、不可编辑的文字。Message 控件会自动分行，并编排文字的位置。Message 控件的功能与 Label 控件的类似，但是 Message 控件多了自动编排的功能。

【例 12.13】创建一个 Message 控件（源代码\ch12\12.13.py）。

```
from tkinter import *
win = Tk()
txt = "暮云收尽溢清寒，银汉无声转玉盘。此生此夜不长好，明月明年何处看。"
msg = Message(win, text=txt)
msg.pack()
win.mainloop()
```

保存并运行程序，结果如图 12-14 所示。

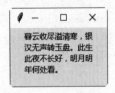

图 12-14　程序运行结果

12.13　Radiobutton 控件

Radiobutton 控件用于创建一个单选按钮。为了让一群单选按钮可以执行相同的功能，必须设置这群单选按钮的 variable 属性为相同值，value 属性值就是各单选按钮的数值。

Radiobutton 控件的属性如下：

（1）command：当用户选中此单选按钮时所调用的函数。

（2）variable：当用户选中此单选按钮时要更新的变量。

（3）width：当用户选中此单选按钮时要存储在变量内的值。

Radiobutton 控件的方法如下：

（1）flash()：将前景颜色与背景颜色互换，以产生闪烁的效果。

（2）invoke()：执行 command 属性所定义的函数。

（3）select()：选择此单选按钮，将 variable 变量的值设置为 value 属性值。

下面的示例创建 5 个运动项目的单选按钮及一个文字标签，将用户的选择显示在文字标签上。

【例 12.14】创建单选按钮（源代码\ch12\12.14.py）。

```python
from tkinter import *
win = Tk()
#运动项目列表
sports = ["棒球", "篮球", "足球", "网球", "排球"]
#将用户的选择显示在 Label 控件上
def showSelection():
    choice = "你的选择是: " + sports[var.get()]
    label.config(text = choice)
#读取用户的选择值，是一个整数
var = IntVar()
#创建单选按钮，靠左边对齐
Radiobutton(win, text=sports[0], variable=var,
value=0,command=showSelection).pack(anchor=W)
    Radiobutton(win, text=sports[1], variable=var,
value=1,command=showSelection).pack(anchor=W)
    Radiobutton(win, text=sports[2], variable=var,
value=2,command=showSelection).pack(anchor=W)
    Radiobutton(win, text=sports[3], variable=var,
value=3,command=showSelection).pack(anchor=W)
    Radiobutton(win, text=sports[4], variable=var,
value=4,command=showSelection).pack(anchor=W)
    #创建文字标签，用于显示用户的选择
label = Label(win)
label.pack()
win.mainloop()
```

保存并运行程序，选中不同的单选按钮将提示不同的信息，如图 12-15 所示。

图 12-15　程序运行结果

12.14　Scale 控件

Scale 控件用于创建一个标尺式的滑动条对象，让用户可以移动标尺上的光标来设置数值。Scale 控件的方法如下：

（1）get()：取得目前标尺上的光标值。

（2）set(value)：设置目前标尺上的光标值。

下面的示例创建 3 个 Scale 控件，分别用来选择 R、G、B 三原色的值。移动 Scale 控件到显示颜色的位置后，单击 Show color 按钮即可将 RGB 的颜色显示在一个 Label 控件上。

【例 12.15】创建滑块控件（源代码\ch12\12.15.py）。

```python
from tkinter import *
from string import *
win = Tk()
#将标尺上的 0~130 范围的数字转换为 0~255 范围的十六进制数字
#再转换为两个字符的字符串，如果数字只有一位，就在前面加一个零
def getRGBStr(value):
    #将标尺上的 0~130 范围的数字，转换为 0~255 范围的十六进制数字
    #再转换为字符串
    ret = str(hex(int(value/130*255)))
    #将十六进制数字前面的 0x 去掉
    ret = ret[2:4]
    #转换成两个字符的字符串，如果数字只有一位，就在前面加一个零
    ret =ret.zfill(2)
    return ret
#将 RGB 颜色的字符串转换为#rrggbb 类型的字符串
def showRGBColor():
    #读取#rrggbb 字符串的 rr 部分
    strR = getRGBStr(var1.get())
    #读取#rrggbb 字符串的 gg 部分
    strG = getRGBStr(var2.get())
    #读取#rrggbb 字符串的 bb 部分
    strB = getRGBStr(var3.get())
```

```
                #转换为#rrggbb 类型的字符串
                color = "#" + strR + strG + strB
                #将颜色字符串设置给 Label 控件的背景颜色
                colorBar.config(background = color)
#分别读取 3 个标尺的值，是一个双精度浮点数
var1 = DoubleVar()
var2 = DoubleVar()
var3 = DoubleVar()
#创建标尺
scale1 = Scale(win, variable=var1)
scale2 = Scale(win, variable=var2)
scale3 = Scale(win, variable=var3)
#将选择按钮靠左对齐
scale1.pack(side=LEFT)
scale2.pack(side=LEFT)
scale3.pack(side=LEFT)
#创建一个标签，用于显示颜色字符串
colorBar = Label(win, text=" "*40, background="#000000")
colorBar.pack(side=TOP)
#创建一个按钮，单击后即将标尺上的 RGB 颜色显示在 Label 控件上
button = Button(win, text="查看颜色", command=showRGBColor)
button.pack(side=BOTTOM)
win.mainloop()
```

保存并运行程序，拖动滑块选择不同的 RGB 值，然后单击"查看颜色"按钮，即可查看对应的颜色效果，如图 12-16 所示。

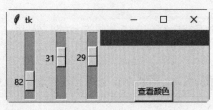

图 12-16　程序运行结果

12.15　Scrollbar 控件

Scrollbar 控件用于创建一个水平或垂直滚动条，可与 Listbox、Text、Canvas 等控件共同使用来移动显示的范围。Scrollbar 控件的方法如下：

（1）set(first, last)：设置目前的显示范围，其值在 0 与 1 之间。

（2）get()：返回目前的滚动条设置值。

下面的示例创建一个列表框（60 个选项），包括一个水平滚动条及一个垂直滚动条。当移动水平或垂直滚动条时，改变列表框的水平或垂直方向可见范围。

【例 12.16】创建滚动条控件（源代码\ch12\12.16.py）。

```
from tkinter import *
win = Tk()
#创建一个水平滚动条
scrollbar1 = Scrollbar(win, orient=HORIZONTAL)
#水平滚动条位于窗口底端，当窗口改变大小时会在 X 方向填满窗口
scrollbar1.pack(side=BOTTOM, fill=X)
#创建一个垂直滚动条
scrollbar2 = Scrollbar(win)
#垂直滚动条位于窗口右端，当窗口改变大小时会在 Y 方向填满窗口
scrollbar2.pack(side=RIGHT, fill=Y)
#创建一个列表框，x 方向的滚动条指令是 scrollbar1 对象的 set()方法
#y 方向的滚动条指令是 scrollbar2 对象的 set()方法
mylist = Listbox(win, xscrollcommand=scrollbar1.set,
yscrollcommand=scrollbar2.set)
    #在列表框内插入 60 个选项
for i in range(60):
    mylist.insert(END, "火树银花合，星桥铁锁开。暗尘随马去，明月逐人来。" + str(i))
#列表框位于窗口左端，当窗口改变大小时会在 X 与 Y 方向填满窗口
mylist.pack(side=LEFT, fill=BOTH)
#移动水平滚动条时，改变列表框的 x 方向可见范围
scrollbar1.config(command=mylist.xview)
#移动垂直滚动条时，改变列表框的 y 方向可见范围
scrollbar2.config(command=mylist.yview)
win.mainloop()
```

保存并运行程序，拖曳流动滚动条可以查看对应的内容，如图 12-17 所示。

图 12-17　程序运行结果

12.16　Text 控件

Text 控件用于创建一个多行、格式化的文本框。使用 Text 控件，用户可以改变文本框内的字体及文字颜色。

Text 控件的属性如下：

（1）state：此属性值可以是 normal 或 disabled。state 等于 normal，表示此文本框可以编辑内容。state 等于 disabled，表示此文本框不可以编辑内容。

（2）tabs：此属性值为一个 tab 位置的列表。列表中的元素是 tab 位置的索引值，再加上一个调整字符——l、r、c。l 代表 left，r 代表 right，c 代表 center。

Text 控件的方法如下：

（1）delete(startindex [, endindex])：删除特定位置的字符，或者一个范围内的文字。

（2）get(startindex [, endindex])：返回特定位置的字符，或者一个范围内的文字。

（3）index(index)：返回指定索引值的绝对值。

（4）insert(index [, string]...)：将字符串插入指定索引值的位置。

（5）see(index)：如果指定索引值的文字是可见的，就返回 True。

Text 控件支持 3 种类型的特殊结构，即 Mark、Tag 及 Index。

Mark 用来当作书签，书签可以帮助用户快速找到文本框内容的指定位置。tkinter 提供两种类型的书签，即 INSERT 与 CURRENT。INSERT 书签指定光标插入的位置，CURRENT 书签指定光标最近的位置。

Text 控件用来操作书签的方法如下：

（1）index(mark)：返回书签行与列的位置。

（2）mark_gravity(mark [, gravity])：返回书签的 gravity。如果指定了 gravity 参数，就设置为此书签的 gravity。此方法用在要将插入的文字准确地放在书签位置的情况下。

（3）mark_names()：返回 Text 控件的所有书签。

（4）mark_set(mark, index)：设置书签的新位置。

（5）mark_unset(mark)：删除 Text 控件的指定书签。

Tag 用来对一个范围内的文字指定一个标签名称，如此就可以很容易地同时修改此范围内的文字的设置值。Tag 也可以用于将一个范围与一个 callback 函数连接。tkinter 提供一种类型的 Tag：SEL。SEL 指定符合目前条件的选择范围。

Text 控件用来操作 Tag 的方法如下：

（1）tag_add(tagname, startindex [, endindex]...)：将 startindex 位置或从 startindex 到 endindex 之间的范围指定为 tagname 名称。

（2）tag_config()：用来设置 tag 属性的选项。选项可以是 justify，其值可以是 left、right 或 center；选项也可以是 tabs，tabs 与 Text 控件的 tag 属性功能相同；选项还可以是 underline，underline 用于在标签文字内加下画线。

（3）tag_delete(tagname)：删除指定的 tag 标签。

（4）tag_remove(tagname, startindex [, endindex]...)：将 startindex 位置或从 startindex 到 endindex 之间的范围指定的 tag 标签删除。

Index 用于指定字符的真实位置。tkinter 提供下面类型的 Index：INSERT、CURRENT、END、

line.column、line.end、用户自定义书签、用户自定义标签、选择范围、窗口的坐标、嵌入对象的名称和表达式。

下面的示例创建一个 Text 控件，并在 Text 控件内分别插入一段文字及一个按钮。

【例 12.17】创建多行文本框控件（源代码\ch12\12.17.py）。

```
from tkinter import *
win = Tk()
win.title(string = "文本控件")
#创建一个 Text 控件
text = Text(win)
#在 Text 控件内插入一段文字
text.insert(INSERT, "晴明落地犹惆怅，何况飘零泥土中。\n\n")
#跳下一行
text.insert(INSERT, "\n\n")
#在 Text 控件内插入一个按钮
button = Button(text, text="关闭", command=win.quit)
text.window_create(END, window=button)
text.pack(fill=BOTH)
#在第一行文字的第 13 个字符到第 14 个字符处插入标签，标签名称为"print"
text.tag_add("print", "1.13", "1.15")
#设置插入的按钮的标签名称为"button"
text.tag_add("button", button)
#改变标签"print"的前景与背景颜色，并加下画线
text.tag_config("print", background="yellow", foreground="blue", underline=1)
#设置标签"button"的居中排列
text.tag_config("button", justify="center")
win.mainloop()
```

保存并运行程序，结果如图 12-18 所示。

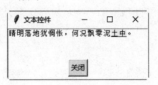

图 12-18　程序运行结果

12.17　对 话 框

tkinter 提供不同类型的对话框，这些对话框的功能存放在 tkinte 的不同子模块中，主要包括 messagebox 模块、filedialog 模块和 colorchooser 模块。

12.17.1　messagebox 模块

messagebox 模块提供以下方法打开供用户选择项目的对话框：

（1）askokcancel(title=None, message=None)：打开一个有"确定"和"取消"按钮的对话框。例如：

```
import tkinter.messagebox
tkinter.messagebox.askokcancel("提示", "您确定要关闭窗口吗？")
```

打开的对话框如图 12-19 所示。如果单击"确定"按钮，就返回 True；如果单击"取消"按钮，就返回 False。

（2）askquestion(title=None, message=None)：打开一个有"是"和"否"按钮的对话框。例如：

```
import tkinter.messagebox
tkinter.messagebox.askquestion("提示", "您确定要关闭窗口吗？")
```

打开的对话框如图 12-20 所示。如果单击"是"按钮，就返回 yes；如果单击"否"按钮，就返回 no。

 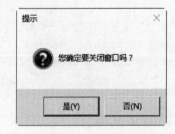

图 12-19　"确定/取消"对话框　　　　图 12-20　"是/否"对话框

（3）askretrycancel(title=None, message=None)：打开一个有"重试"和"取消"按钮的对话框。例如：

```
import tkinter.messagebox
tkinter.messagebox.askretrycancel ("提示", "您确定要关闭窗口吗？")
```

打开的对话框如图 12-21 所示。如果单击"重试"按钮，就返回 True；如果单击"取消"按钮，就返回 False。

（4）askyesno(title=None, message=None)：打开一个有"是"和"否"按钮的对话框。例如：

```
import tkinter.messagebox
tkinter.messagebox. askyesno ("提示", "您确定要关闭窗口吗？")
```

打开的对话框如图 12-22 所示。如果单击"是"按钮，就返回 True；如果单击"否"按钮，就返回 False。

图 12-21 "重试/取消"对话框

图 12-22 "是/否"对话框

（5）showerror(title=None, message=None)：打开一个错误提示对话框。

```
import tkinter.messagebox
tkinter.messagebox.showerror ("提示", "您确定要关闭窗口吗？")
```

打开的对话框如图 12-23 所示。如果单击"确定"按钮，就返回 ok。

（6）showinfo(title=None, message=None)：打开一个信息提示对话框。

```
import tkinter.messagebox
tkinter.messagebox.showerror ("提示", "您确定要关闭窗口吗？")
```

打开的对话框如图 12-24 所示。如果单击"确定"按钮，就返回 ok。

（7）showwarning(title=None, message=None)：打开一个警告提示对话框。

```
import tkinter.messagebox
tkinter.messagebox.showwarning("提示", "您确定要关闭窗口吗？")
```

打开的对话框如图 12-25 所示。如果单击"确定"按钮，就返回 ok。

图 12-23 错误提示对话框 　　图 12-24 信息提示对话框 　　图 12-25 警告提示对话框

12.17.2 filedialog 模块

tkinter.filedialog 模块提供以下方法打开"打开"对话框或"另存为"对话框。

（1）Open(master=None, filetypes=None)：打开一个"打开"对话框。filetypes 是要打开的文件类型，为一个列表。

（2）SaveAs(master=None, filetypes=None)：打开一个"另存为"对话框。filetypes 是要打开的文件类型，为一个列表。

下面的示例创建两个按钮，第一个按钮打开一个"打开"对话框，第二个按钮打开一个"另存为"对话框。

【例 12.18】创建两种对话框（源代码\ch12\12.18.py）。

```python
from tkinter import *
import tkinter.filedialog
win = Tk()
win.title(string = "打开文件和保存文件")
#打开一个"打开"对话框
def createOpenFileDialog():
    myDialog1.show()
#打开一个"另存为"对话框
def createSaveAsDialog():
    myDialog2.show()
#单击按钮后，即可打开对话框
Button(win, text="打开文件", command=createOpenFileDialog).pack(side=LEFT)
Button(win, text="保存文件",command=createSaveAsDialog).pack(side=LEFT)
#设置对话框打开的文件类型
myFileTypes = [('Python files', '*.py *.py'), ('All files', '*')]
#创建一个"打开"对话框
myDialog1 = tkinter.filedialog.Open(win, filetypes=myFileTypes)
#创建一个"另存为"对话框
myDialog2 = tkinter.filedialog.SaveAs(win, filetypes=myFileTypes)
win.mainloop()
```

保存并运行程序，结果如图 12-26 所示。

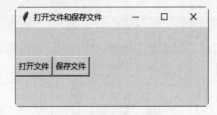

图 12-26　程序运行结果

单击"打开文件"按钮，弹出"打开"对话框，如图 12-27 所示。单击"保存文件"按钮，弹出"另存为"对话框，如图 12-28 所示。

图 12-27　"打开"对话框

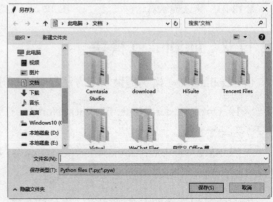

图 12-28　"另存为"对话框

12.17.3　colorchooser 模块

colorchooser 模块提供以下方法用于打开"颜色"对话框。

（1）skcolor(color=None)：直接打开一个"颜色"对话框，不需要父控件与 show()方法。返回值是一个元组，其格式为((R, G, B), "#rrggbb")。

（2）Chooser(master=None)：打开一个"颜色"对话框。返回值是一个元组，其格式为((R, G, B), "#rrggbb")。

下面的示例创建一个按钮，单击该按钮后即可打开一个"颜色"对话框。

【例 12.19】创建两种对话框（源代码\ch12\12.19.py）。

```
from tkinter import *
import tkinter.colorchooser, tkinter.messagebox
win = Tk()
win.title(string = "颜色对话框")
#打开一个"颜色"对话框
def openColorDialog():
    #显示"颜色"对话框
    color = colorDialog.show()
    #显示所选择颜色的 R,G,B 值
    tkinter.messagebox.showinfo("提示", "您选择的颜色是：" + color[1] + "\n" + \
        "R = " + str(color[0][0]) + " G = " + str(color[0][1]) + " B = " +
str(color[0][2]))


    #单击按钮后，即可打开对话框
Button(win, text="打开颜色对话框", \
    command=openColorDialog).pack(side=LEFT)
#创建一个"颜色"对话框
colorDialog = tkinter.colorchooser.Chooser(win)
win.mainloop()
```

保存并运行程序，结果如图 12-29 所示。单击"打开颜色对话框"按钮，弹出"颜色"对话框，如图 12-30 所示。选择一种颜色后，单击"确定"按钮，弹出"提示"对话框，显示选择的颜色值和 RGB 值，如图 12-31 所示。

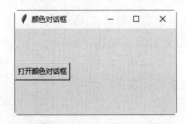

图 12-29　程序运行结果

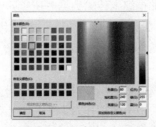

图 12-30　"颜色"对话框

图 12-31　"提示"对话框

第 13 章

网络通信和网络爬虫

socket 模块可以实现网络设备之间的通信；HTTP 库可以实现网站服务器与网站浏览器之间的通信；urllib 库可以处理客户端的请求和服务器端的响应，还可以解析 URL 地址。另外，Python 还可以爬取和解析各种网络数据和文件。Python 语言在网络编程中的应用比较广泛。本章将重点学习 Python 在上述网络编程中的应用。

13.1　网络概要

网络系统（Network System）是使用国际标准化组织（Open Systems Interconnection/International Standards Organization，OSI/ISO）制定的开放系统互连七层模型（Seven-Layer Model）定义的。这七层模型代表七层网络进程：物理层（Physical Layer）、数据链路层（Data Link Layer）、网络层（Network Layer）、传输层（Transport Layer）、会话层（Session Layer）、表示层（Presentation Layer）及应用层（Application Layer）。现在的网络协议（包括 TCP/IP）实际上都使用较少的层数，而不是 OSI 定义的完整层数。

OSI 定义的七层网络模型如下：

（1）物理层：定义在实物上，如电缆上传输数据时所需的信息。

（2）数据链路层：定义数据如何在实物上传进/传出，点对点的错误更正通常是在此层进行的。

（3）网络层：设置唯一的地址给网络上的元素，如此信息才能正确地传输到计算机上。IP 在此层进行。

（4）传输层：封装数据并确定数据传输没有错误。TCP 与 UDP 在此层进行。

（5）会话层：处理每一个连接，一个连接称为一个会话。

（6）表示层：用来处理不同的操作系统，有不同的整数格式的问题。TCP/IP 将此问题放在应用层上处理，Python 则使用 struct 模块处理此问题。

（7）应用层：操作最后的产物。应用程序、FTP 客户机、SMTP/POP3 邮件处理器及 HTTP 浏览器都属于此层。

网络的连接有两种类型：以连接为导向（Connection-Oriented）与以包为导向（Packet-Oriented）。

1. TCP/IP

TCP/IP 以包为导向，是目前非常受欢迎的网络协议。TCP/IP 原先是由美国国防部创建的，很快成为美国政府、互联网及大学广泛使用的网络协议。由于 TCP/IP 可以在任何操作系统上执行，因此在不同的局域网环境中都能适用。

TCP/IP 的网络层功能由 IP 提供。IP 提供包在互联网上传输的基本机制。因为 IP 将包在互联网传输，所以不需要创建 end-to-end 的连接。

由于 IP 不了解包之间的关系，也不提供重新传输，是无法信赖的传输协议，因此 IP 需要高阶的协议，如 TCP 与 UDP 提供可信赖的服务。TCP 与 UDP 可以保证 IP 表头不会被破坏。

TCP 代表传输控制协议，是在互联网上传输的主要结构。因为 TCP 提供可信赖、以会话为基础、以连接为导向的传输包服务，所以每一个连接上交换信息的包都会给予一个序号，重复的包会被检测出来，并且被会话服务所丢弃。

TCP/IP 并没有提供应用接口层，而是由应用程序提供应用层。socket 已经将 TCP/IP 比较重要的 peer-to-peer API 合并，让网络应用程序可以跨平台使用。

UDP 是除 TCP 之外的另一种传输服务。UDP 提供不可信赖、快速、以包为导向的数据服务。

UDP 的速度比 TCP 快，因为 TCP 需要花时间转换机器间的信息，以确保信息确实有传输，而 UDP 则没有进行此转换。另一点就是，TCP 会等待所有的包到达后为客户端应用程序有序地整理数据包，UDP 则没有这么做，它让客户端应用程序自己决定如何解读数据包，因为数据包并不是按照顺序接收的。

2. 网络协议

Python 有许多模块可以处理下面的网络协议：

（1）HTTP：浏览网页。

（2）FTP：在不同计算机间传输文件。

（3）Telnet：提供登录其他计算机的服务。

（4）POP3：从 POP3 服务器读取电子邮件。

（5）SMTP：送出电子邮件到邮件服务器。

（6）IMAP：从 IMAP 服务器读取电子邮件。

（7）NNTP：提供存取 Usenet 新闻。

这些协议使用 socket 提供的服务来连接不同的主机，以及在网络上传输包。

3. 网络地址

在 TCP/IP 的网络结构上，一个 socket 地址包含两部分：Internet IP 地址和端口号。

IP 地址定义为在网络上传输数据的地址，是一个 32 位（4 字节）的数字。每一字节所代表的数字在 0~255，中间以点号（.）隔开，如 128.72.23.50。IP 地址必须是唯一的。

端口号是服务器内应用程序或服务程序的入口。端口号是一个 16 位整数，可表示的范围在

0~65535。端口号不能随便使用，0~1023 的端口号是保留给操作系统使用的，用户必须使用 1024 之后的端口号。

表 13-1 是一些特定的端口号。在 Windows 操作系统上，用户可以在 C:\Windows 文件夹内的 Services 文件中找到更多的端口号定义。如果是 Linux/UNIX 操作系统，就是/etc/services 文件。

表13-1　特定的端口号

端 口 号	协　　议
20	FTP（文件传输）
70	Gopher（信息查找）
23	Telnet（命令行）
25	SMTP（发送邮件）
80	HTTP（网页访问）
110	POP3（接收邮件）
119	NNTP（阅读和张贴新闻文章）

13.2　socket 模块

socket 由一些对象组成，这些对象提供网络应用程序的跨平台标准。

13.2.1　认识 socket 模块

socket 又称"套接字"，应用程序通常通过"套接字"向网络发出请求或应答网络请求，使主机间或一台计算机上的进程间可以通信。socket 模块提供了标准的网络接口，可以访问底层操作系统 socket 接口的全部方法。

Python 使用 socket()函数创建套接字。其语法格式如下：

```
socket.socket([family[, type[, protocol]]])
```

各个参数的含义如下：

（1）family：套接字中的网络协议，包括 AF_UNIX（UNIX 网域协议）和 AF_INET（IPv4 网域协议，如 TCP 与 UDP）。

（2）type：套接字类型，包括 SOCK_STREAM（使用在 TCP 中）、SOCK_DGRAM（使用在 UDP 中）、SOCK_RAW（使用在 IP 中）和 SOCK_SEQPACKET（列表连接模式）。

（3）protocol：只使用在 family 等于 AF_INET 或 type 等于 SOCK_RAW 的时候。protocol 是一个常数，用于辨识所使用的协议种类。默认值是 0，表示适用于所有 socket 类型。

每一个 socket 对象都有下面的方法：

（1）accept()：接收一个新连接，并且返回两个数值（conn、address）。conn 是一个新的 socket 对象，用于在该连接上传输数据；address 是此 socket 使用的地址。

（2）bind(address)：将 socket 连接到 address 地址，地址的格式为(hostname, port)。

（3）close()：关闭此 socket。

（4）connect(address)：连接到一个远程的 socket，其地址为 address。

（5）makefile([mode [, bufsize]])：创建一个与 socket 有关的文件对象，参数 mode 和 bufsize 与内置函数 open()相同。

（6）getpeername()：返回 socket 所连接的地址，地址的格式为(ipaddr, port)。

（7）getsockname()：返回 socket 本身的地址，地址的格式为(ipaddr, port)。

（8）listen(backlog)：打开连接监听，参数 backlog 为最大可等候的连接数目。

（9）recv(bufsize [, flags])：从 socket 接收数据，返回值是字符串数据。参数 bufszie 表示最大的可接收数据量；参数 flags 用来指定数据的相关信息，默认值为 0。

（10）recvfrom(bufsize [, flags])：从 socket 接收数据。返回值是成对的(string, address)，其中，string 代表接收的字符串数据，address 则是 socket 传输数据的地址。参数 bufszie 表示最大的可接收数据量；参数 flags 用来指定数据的相关信息，默认值为 0。

（11）send(string [, flags])：将数据以字符串类型传输到 socket。参数 flags 与 recv()方法相同。

（12）sendto(string [, flags], address)：将数据传输到远程的 socket。参数 flags 与 recv()方法相同，参数 address 是该 socket 的地址。

（13）shutdown(how)：关闭联机的一端或两端。若 how 等于 0，则关闭接收端；若 how 等于 1，则关闭传输端；若 how 等于 2，则同时关闭接收端与传输端。

13.2.2　创建 socket 连接

下面使用 socket 模块的 socket 函数创建一个 socket 对象。socket 对象可以通过调用其他函数设置一个 socket 服务。通过调用 bind(hostname, port)函数指定服务的端口（port），然后调用 socket 对象的 accept 方法，该方法等待客户端的连接并返回 connection 对象，表示已连接到客户端。

【例 13.1】创建服务器端的 socket 服务（源代码\ch13\13.1.py）。

```
# 导入 socket、sys 模块
import socket
import sys
# 创建 socket 对象
serversocket = socket.socket(
        socket.AF_INET, socket.SOCK_STREAM)
# 获取本地主机名
host = socket.gethostname()
port = 9999
# 绑定端口
serversocket.bind((host, port))
# 设置最大连接数，超过后排队
serversocket.listen(5)
while True:
    # 建立客户端连接
    clientsocket,addr = serversocket.accept()
    print("连接地址: %s" % str(addr))
```

```
msg='折花逢驿使，寄与陇头人。江南无所有，聊赠一枝春。'+ "\r\n"
clientsocket.send(msg.encode('utf-8'))
clientsocket.close()
```

保存并运行程序，即可在服务器端启动 socket 服务。

下面的示例创建一个客户端，并连接以上创建的服务，端口号为 12345。

【例 13.2】创建客户端的连接（源代码\ch13\13.2.py）。

```
# 导入 socket、sys 模块
import socket
import sys
# 创建 socket 对象
s = socket.socket(socket.AF_INET, socket.SOCK_STREAM)
# 获取本地主机名
host = socket.gethostname()
# 设置端口
port = 9999
# 连接服务，指定主机和端口
s.connect((host, port))
# 接收小于 1024 字节的数据
msg = s.recv(1024)
s.close()
print (msg.decode('utf-8'))
```

保存并运行程序，输出结果如下：

折花逢驿使，寄与陇头人。江南无所有，聊赠一枝春。

此时在服务器端显示的结果如下：

连接地址：('192.168.108',65141)

注意：第一次运行 13.1.py 和 13.2.py 两个文件时，可能会弹出以下错误信息：

```
ConnectionRefusedError: [WinError 10061] 由于目标计算机积极拒绝，无法连接。
```

解决方法是关闭上述运行的 13.1.py 和 13.2.py 两个文件，然后重新运行这两个文件即可。

13.3　HTTP 库

HTTP（Hyper Text Transfer Protocol）是一个客户端和服务器端请求和应答的标准。客户端是终端用户，服务器端是网站。客户端发起一个到服务器上指定端口的 HTTP 请求，服务器向客户端发回一个状态行和响应的消息。

可以使用下面的模块创建 Internet Server：

（1）socketserver：以 socket 为基础，创建一般性的 IP Server。

（2）http：通过 http 模块中的子模块 server 和 client 提供各种网络服务。

13.3.1　socketserver 模块

socketserver 模块提供了一个架构来简化网络（包括服务器）的编写工作，用户不需要使用低级的 socket 模块。

socketserver 模块包含的基本类如下：

（1）TCPServer((hostname, port), handler)：支持 TCP 的服务器。其中，hostname 是主机名称，通常是空白字符串；port 是通信端口号码；handler 是 BaseRequestHandler 类的实例变量。

（2）UDPServer((hostname, port), handler)：支持 UDP 的服务器。其中，hostname 是主机名称，通常是空白字符串；port 是通信端口号码；handler 是 BaseRequestHandler 类的实例变量。

（3）UnixStreamServer((hostname, port), handler)：使用 UNIX 网域 socket 支持串流导向协议（stream-oriented protocol）的服务器。其中，hostname 是主机名称，通常是空白字符串；port 是通信端口号码；handler 是 BaseRequestHandler 类的实例变量。

（4）UnixDatagramServer((hostname, port), handler)：使用 UNIX 网域 socket 支持数据通信协议（datagram-oriented protocol）的服务器。其中，hostname 是主机名称，通常是空白字符串；port 是通信端口号码；handler 是 BaseRequestHandler 类的实例变量。

下面是 socketserver 模块中类的类变量：

（1）request_queue_size：存储要求队列的大小，该队列用于传给 socket 的 listen()方法。

（2）socket_type：返回服务器使用的 socket 类型，可以是 socket.SOCK_STREAM 或 socket.SOCK_DGRAM。

下面是 socketserver 模块中类的属性与方法：

（1）address_family：可以是 socket.AF_INET 或 socket.AF_UNIX。服务器的通信协议群组。

（2）fileno()：返回服务器 socket 的整数文件描述元（integer file descriptor）。

（3）handle_request()：创建一个处理函数类的实例变量，以及调用 handle()方法处理单一请求。

（4）RequestHandlerClass：存储用户提供的请求处理函数类。

（5）server_address：返回服务器监听用的 IP 地址与通信端口号码。

（6）serve_forever()：操作一个循环来处理无限的请求。

下面的示例演示 StreamRequestHandler 类的使用。

```
import socketserver
port = 50007
class myRequestHandler(socketserver.StreamRequestHandler):
    def handle(self):
        print ("Connection by ", self.client_address)
        self.wfile.write("data")
s = socketserver.TCPServer(("", port), myRequestHandler)
s.serve_forever()
```

13.3.2　server 模块

http 模块的子模块 server 提供了各种 HTTP 服务，主要包括 BaseHTTPServer 类、CGIHTTPServer 类及 SimpleHTTPServer 类。

server 模块以 socketserver 模块为基础，并且很少直接使用。server 模块定义了两个基类来操作基本的 HTTP 服务器（网站服务器）。

server 模块的第一个基类是 HTTPServer 类，其语法如下：

```
class HTTPServer((hostname, port), RequestHandlerClass)
```

HTTPServer 类由 socketserver.TCPServer 类派生。此类先创建一个 HTTPServer 对象并监听 (hostname, port)，然后使用 RequestHandlerClass 来处理要求。

server 模块的第二个基类是 BaseHTTPRequestHandler 类，其语法如下：

```
class BaseHTTPRequestHandler(request, client_address, server)
```

用户必须创建一个 BaseHTTPRequestHandler 类的子类来处理 HTTP 请求。如果要处理 GET 请求，就必须重新定义 do_GET()方法；如果要处理 POST 请求，就必须重新定义 do_POST()方法。

下面是 BaseHTTPRequestHandler 类的类变量：

（1）BaseHTTPRequestHandler.server_version。

（2）BaseHTTPRequestHandler.sys_version。

（3）BaseHTTPRequestHandler.protocol_version。

（4）BaseHTTPRequestHandler.error_message_format。

每一个 BaseHTTPRequestHandler 类的实例变量都有以下属性：

（1）client_address：返回一个 2-tuple(hostname, port)，为客户端的地址。

（2）command：识别请求的种类，可以是 GET、POST 等。

（3）headers：返回一个 HTTP 表头。

（4）path：返回请求的路径。

（5）request_version：返回请求的 HTTP 版本字符串。

（6）rfile：包含输入流。

（7）wfile：包含输出流。

每一个 BaseHTTPRequestHandler 类的实例变量都有以下方法：

（1）handle()：请求分派器。此方法会调用以"do_"开头的方法，如 do_GET()、do_POST()等。

（2）send_error(error_code [, error_message])：将错误信号传输给客户端。

（3）send_response(response_code [, response_message])：传输响应表头。

（4）send_header(keyword, value)：写入一个 MIME 表头到输出流，此表头包含表头的键值及其值。

（5）end_header()：用来识别 MIME 表头的结尾。

下面的示例演示 BaseHTTPRequestHandler 类的使用方法。

```
import http.server
htmlpage = """
<html><head><title>Web Page</title></head>
<body>Hello Python</body></html>"""
class myHandler(http.server.BaseHTTPRequestHandler):
    def do_GET(self):
        if self.path == "/":
            self.send_response(200)
            self.send_header("Content-type", "text/html")
            self.end_headers()
            self.wfile.write(htmlpage)
        else:
            self.send_error(404, "File not found")

myServer = http.server.HTTPServer(("", 80), myHandler)
myServer.serve_forever()
```

SimpleHTTPServer 类可以处理 HTTP server 的请求，也可以处理所在目录的文件，即 HTML 文件。SimpleHTTPRequestHeader 类的语法格式如下：

```
class SimpleHTTPRequestHandler(request, (hostname, port), server)
```

SimpleHTTPRequestHeader 类有以下两个属性：

（1）SimpleHTTPRequestHeader.server_version，定义服务器模块的级别。

（2）SimpleHTTPRequestHeader.extensions_map：一个字典集，用于映射文件扩展名与 MIME 类型。

下面的示例演示 SimpleHTTPRequestHandler 类的使用方法。

```
import http.server
myHandler = http.server.SimpleHTTPRequestHandler
myServer = http.server.HTTPServer(("", 80), myHandler)
myServer.serve_forever()
```

CGIHTTPRequestHeader 类除了可以处理所在目录的 HTML 文件外，还可以运行客户端执行 CGI（Common Gateway Interface）脚本。CGIHTTPRequestHeader 类的语法格式如下：

```
class CGIHTTPRequestHandler(request, (hostname, port), server)
```

CGIHTTPRequestHeader 类的属性 cgi_directories 包含一个可以存储 CGI 脚本的文件夹列表。下面的示例演示 CGIHTTPRequestHandler 类的使用方法。

```
import cgihttpserver
import BaseHTTPServer
class myHandler(http.server.CGIHTTPRequestHandler):
    cgi_directories = ["/cgi-bin"]
myServer = http.server.HTTPServer(("", 80), myHandler)
myServer.serve_forever()
```

13.3.3　client 模块

client 模块主要处理客户端的请求。client 模块的 HTTPConnection 类创建并返回一个 connection 对象。HTTPConnection 类的语法格式如下：

```
class HTTPConnection ([hostname [, port]])
```

如果参数 port 没有设置，默认值是 80。如果所有的参数都没有设置，就必须使用 connect()方法自行连接。以下 3 个 HTTPConnection 类的实例变量都会连接到相同的服务器：

```
import http.client
h1 = http.client.HTTPConnection ("www.cwi.nl")
h2 = http.client.HTTPConnection ("www.cwi.nl:80")
h3 = http.client.HTTPConnection ("www.cwi.nl", 80)
```

HTTPConnection 类的实例变量的方法如下：

（1）endheaders()：写入一行空白给服务器，表示这是客户端请求表头的结尾。

（2）connect([hostname [, port]])：创建一个连接。

（3）getresponse()：返回服务器的状态。

（4）request()：向服务器发送请求。

（5）putheader(header, argument1 [, ...])：写入客户端请求表头的表头行。每一行包括 header、一个冒号（:）、一个空白及 argument。

（6）putrequest(request, selector)：写入客户端请求表头的第一行。参数 request 可以是 GET、POST、PUT 或 HEAD，参数 selector 是要打开的文件名称。

（7）send(data)：调用 endheaders()方法后，传输数据给服务器。

下面的示例返回 http://www.python.org/News.html 文件，并将此文件保存为一个新文件。

【例 13.3】使用 HTTPConnection 类（源代码\ch13\13.3.py）。

```
import http.client
#指定主机名称
url = "www.python.org"
#指定打开的文件名称
urlfile = "/News.html"
#连接到主机
host = http.client.HTTPConnection (url)
#写入客户端要求表头的第一行
host.request("GET", urlfile)
#获取服务器的响应
r1=host.getresponse()
#打印服务器返回的状态
print(r1.status,r1.reason)
#将 file 对象的内容存入新文件
file = open("13.1.html", "w")
#读取网页内容，以 utf-8 方式保存
```

```
str = r1.read().decode("utf-8")
#寻找文本
print(str.find("mlive"))
#写到文件并将'xa0'替换为空字符
file.write(str.replace('\xa0',''))
#关闭文件
file.close()
```

保存并运行程序，即可将 http://www.python.org/News.html 文件的内容保存在 13.1.html 文件中。

13.4　urllib 库

urllib 库可以处理客户端的请求和服务器端的响应，还可以解析 URL 地址，常用的模块为 request 和 parse。

13.4.1　request 模块

request 模块使用 socket 读取网络数据的接口，支持 HTTP、FTP 及 gopher 等连接。

要读取一个网页文件，可以使用 urlopen()方法。其语法如下：

```
urllib.request.urlopen(url [, data])
```

其中，参数 url 是一个 URL 字符串，参数 data 用来指定一个 GET 请求。

urlopen()方法返回一个 stream 对象，可以使用 file 对象的方法来操作此 stream 对象。

下面的示例读取 http://www.baidu.com 的网页。

```
import urllib
from urllib import request
htmlpage = urllib.request.urlopen("http://www.baidu.com")
htmlpage.read()
```

urlopen()方法返回的 stream 对象有两个属性，即 url 与 headers。url 属性是设置的 URL 字符串值；headers 属性是一个字典集，包含网页的表头。

下面的示例显示刚才打开的 htmlpage 对象的 url 属性。

```
htmlpage.url
'http://www.baidu.com'
```

下面的示例显示刚才打开的 htmlpage 对象的 headers 属性。

```
for key, value in htmlpage.headers.items():
    print (key, " = ", value)
Server = Apache-Coyote/1.1
Cache-Control =
Content-Type = text/html;charset=UTF-8
Content-Encoding = gzip
```

```
Content-Length = 1284
Set-Cookie = ucloud=1;domain=.baidu.com;path=/;max-age=300
Pragma = no-cache
```

urllib 模块的方法如下：

（1）urlretrieve(url [, filename [, reporthook [, data]]])：将一个网络对象 url 复制到本机文件 filename 上。其中，参数 reporthook 是一个 hook 函数，在网络连接完成时会调用此 hook 函数一次，每读取一个区块也会调用此 hook 函数一次，参数 data 必须是 application/x-www-form-urlencoded 格式。例如：

```
import urllib.request
urllib.request.urlretrieve("http://www.python.org", "copy.html")
('copy.html', <http.client.HTTPMessage object at 0x02DE28B0>)
```

（2）urlcleanup()：清除 urlretrieve()方法所使用的高速缓存。

（3）quote(string [, safe])：将字符串 string 中的特殊字符用%xx 码取代。参数 safe 设置要引用的额外字符。例如：

```
import urllib.request
urllib.request.quote("This & that are all books\n")
'This%20%26%20that%20are%20all%20books%0A'
```

（4）quote_plus(string [, safe])：与 quote()方法相同，但是空白将以加号（+）取代。

（5）unquote(string)：返回原始字符串。例如：

```
import urllib.request
urllib.request.unquote("This%20%26%20that%20are%20all%20books%0A")
'This & that are all books\n'
```

下面的示例将读取 http://www.python.org 主页的内容。

```
import urllib.request
response = urllib.request.urlopen("http://www.python.org")
html = response.read()
```

也可以使用以下代码实现上述功能：

```
import urllib.request
req = urllib.request.Request("http://www.python.org")
response = urllib.request.urlopen(req)
the_page = response.read()
```

下面的示例将 http://www.python.org 网页存储到本机的 13.2.html 文件中。

【例 13.4】使用 urlopen()方法抓取网页文件（源代码\ch13\13.4.py）。

```
import urllib.request
#打开网页文件
htmlhandler = urllib.request.urlopen("http://www.python.org")
#在本机上创建一个新文件
```

```
file = open("13.2.html", "wb")
#将网页文件存储到本机文件上，每次读取 512 字节
while 1:
   data = htmlhandler.read(512)
   if not data:
      break
   file.write(data)
#关闭本机文件
file.close()
#关闭网页文件
htmlhandler.close()
```

保存并运行程序，即可将 http://www.python.org 网页存储到本机的 13.2.html 文件中。

13.4.2　parse 模块

parse 模块解析 URL 字符串并返回一个元组：(addressing scheme, netword location, path, parameters, query, fragment identifier)。parse 模块可以将 URL 分解成数个部分，并能组合回来，还可以将相对地址转换为绝对地址。

parse 模块的方法如下：

（1）urlparse(urlstring [, default_scheme [, allow_fragments]])：将一个 URL 字符串分解成 6 个元素，即 addressing scheme、netword location、path、parameters、query、fragment identifier。若设置参数 default_scheme，则指定 addressing scheme；若设置参数 allow_fragments 为 0，则不允许 fragment identifier。例如：

```
import urllib.parse
url = "http://home.netscape.com/assist/extensions.html#topic1?x= 7&y= 2"
urllib.parse.urlparse(url)
('http', 'home.netscape.com', '/assist/extensions.html', '', '', 'topic1?x=
7&y=2')
   ParseResult(scheme='http', netloc='home.netscape.com',
path='/assist/extensions.html', params='', query='', fragment='topic1?x= 7&y= 2')
```

（2）urlunparse(tuple)：使用 tuple 创建一个 URL 字符串。例如：

```
import urllib.parse
t = ("http", "www.python.org", "/News.html", "", "", "")
urllib.parse.urlunparse(t)
'http://www.python.org/News.html'
```

（3）urljoin(base, url [, allow_fragments])：使用 base 与 url 创建一个绝对 URL 地址。例如：

```
import urllib.parse
urllib.parse.urljoin("http://www.python.org", "/News.html")
'http://www.python.org/News.html'
```

13.5　什么是网络爬虫

爬虫即网络爬虫，如果把互联网比作一张大网，爬虫就是在这张网上爬来爬去的蜘蛛。如果爬虫遇到资源，就会抓取下来。至于抓取什么内容，由用户控制。

例如，爬虫抓取一个网页，在这个网页中发现了一条道路，即指向其他网页的超链接，它就可以爬到另一个网页上获取数据。这样，整个连在一起的大网对这只蜘蛛来说触手可及。

一个网络爬虫的基本工作流程如下：

（1）获取需要爬虫的网页的初始 URL 地址。

（2）爬取页面获取新的 URL 地址。

（3）将获取的新的 URL 地址放入 URL 队列中。

（4）依次读取队列中的 URL 地址，然后下载对应的网页。

（5）设置停止条件，如果没有设置停止条件，爬虫会一直爬取下去，直到无法获取新的 URL 地址为止。

（6）解析网页中的内容，然后抽取需要的数据。

注意：URL 即统一资源定位符，也就是常说的网址。统一资源定位符是对可以从互联网上得到的资源位置和访问方法的一种简洁表示，是互联网上标准资源的地址。互联网上的每个文件都有一个唯一的 URL，其包含的信息指出文件的位置及浏览器应该怎么处理。由于爬虫爬取数据时必须有一个目标的 url 才可以获取数据，因此它是爬虫获取数据的基本依据，准确理解它的含义对爬虫学习有很大帮助。

在用户浏览网页的过程中，可能会发现许多好看的图片。例如，输入百度的图片网址：http://image.baidu.com/，会看到几幅图片及百度搜索框，其实这个过程就是用户输入网址之后，经过 DNS 服务器找到服务器主机，并向服务器发出一个请求，服务器经过解析发送给用户的浏览器 HTML、JS、CSS 等文件，等浏览器解析出来，用户便可以看到形形色色的图片。因此，用户看到的网页实质是由 HTML 代码构成的，爬虫爬下来的便是这些内容，通过分析和过滤这些 HTML 代码实现对图片、文字等资源的获取。

13.6　网络爬虫的常用技术

本节将学习网络爬虫的常用技术。

13.6.1　网络请求技术

获取 URL 地址和下载网页是网络爬虫中的两个重要的功能。实现这两个功能有两种常见的方式，即 urllib 和 requests。其中 urllib 库前面已经讲过，这里不再赘述。

requests 模块也可以爬取网络数据。requests 模块是 Python 语言基于 urllib 模块编写的，采用的是 Apache2 Licensed 开源协议的 HTTP 模块。使用 requests 比 urllib 模块更加方便，可以节约大量的工作。

requests 模块属于第三方模块，该模块需要下载并安装后才能使用。下面讲解该模块的安装方法。
　　安装 requests 模块的命令如下：

```
pip install requests
```

安装过程如图 13-1 所示。"Successfully installed …"信息表示 requests 模块已经安装成功。

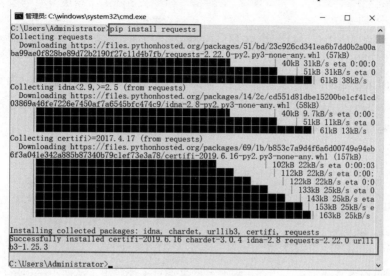

图 13-1　安装 requests 模块

　　注意：在安装的过程中，可能会提示连接服务器失败，这是由于网络的问题导致的，多运行几次即可解决。另外，如果提示 pip 的版本比较低，可以使用下面的命令升级 pip：

```
python -m pip install --upgrade pip
```

requests 模块安装完成后，可以使用以下命令检测是否安装成功：

```
import requests
```

如果没有提示错误，那么说明已经安装成功了，如图 13-2 所示。

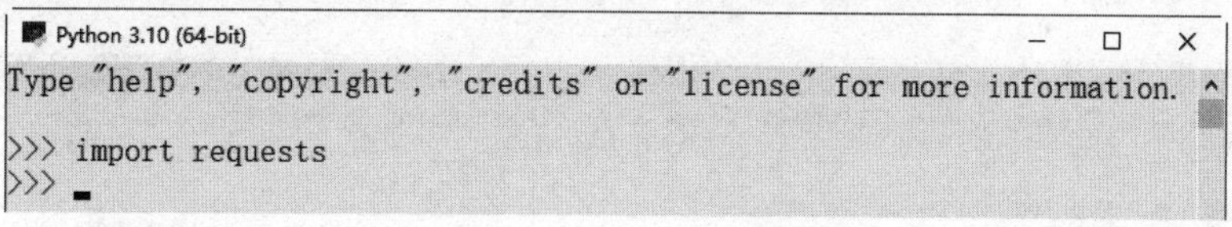

图 13-2　加载 requests 模块

requests 模块请求数据常用的方式有两种，即 get 方式和 post 方式。下面通过案例来学习。
　　以 get 方式发送 HTTP 网络请求，代码如下：

```
import requests                              #导入 requests 模块
response = requests.get('http://image.baidu.com/')
print(response.status_code)                  #打印状态码
print(response.url)                          #打印请求 url
print(response.headers)                      #打印头部信息
```

```
print(response.cookies)                    #打印 cookies 信息
print(response.text)                       #以文本形式打印网页源码
print(response.content)                    #以字节流形式打印网页源码
```

以 post 方式发送 HTTP 网络请求，代码如下：

```
import requests                            #导入 requests 模块
dt = {'pic': 'dog'}                        #表单参数
response = requests.post('http://image.baidu.com/post', data=dt)
print(response.content)                    #以字节流形式打印网页源码
```

如果请求的 URL 地址中的参数跟在 "?" 后面，例如 http://image.baidu.com/get?key=val，可以使用 params 参数来解决，以一个字符串字典来提供这些参数。例如传递 key1=dog 和 key2=cat 到 http://image.baidu.com/get，代码如下：

```
import requests                            #导入 requests 模块
dt = {'pic': 'dog'}                        #表单参数
response = requests.get('http://image.baidu.com/post', data=dt)
print(response.content)                    #以字节流形式打印网页源码
```

13.6.2 请求 headers 处理

如果请求网页内容时提示 403 错误，说明该网页设置了反爬虫，从而拒绝了用户的访问。解决这个问题的方法是模拟浏览器的头部信息进行访问，网站服务器就会认为是浏览器的正常访问，从而跳过反爬虫设置的障碍。

请求头部 headers 的处理方法如下：

（1）通过浏览器的网络监视器查看头部信息。通过火狐浏览器打开网页网址 https://image.baidu.com/，然后按 Ctrl+Shift+E 组合键即可打开网络监控器。按 F5 键刷新当前页面，网络监控器将显示请求的数据信息，如图 13-3 所示。

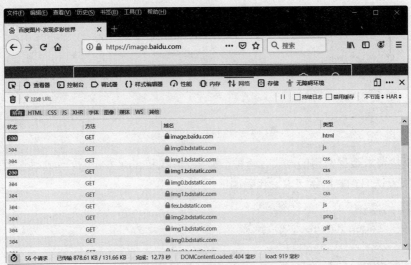

图 13-3 网络监控器

选中第一条 get 信息，即可查看对应的信息头。这里需要复制该头部信息，如图 13-4 所示。

图 13-4　查看并复制头部信息

（2）要爬取 https://image.baidu.com/地址，可以先创建 headers 头部信息，再发送，等待响应，最后打印网页的代码。代码如下：

```
import requests                        #导入 requests 模块
url= 'http://image.baidu.com/'         #创建需要爬取的网址
#创建头部信息
headers = {' User-Agent': 'Mozilla/5.0 (Windows NT 10.0; Win64; x64; rv:68.0)
Gecko/20100101 Firefox/68.0}
response = requests.get(url,headers=headers)  #发送网络请求
print(response.content)                #以字节流形式打印网页源码
```

13.6.3　网络超时问题

如果访问一个网页长时间没有得到响应，系统就会判断该网页超时，此时无法打开该网页。下面通过代码来模拟一个网络超时的现象，代码如下：

```
import requests                        #导入 requests 模块
#循环发送请求 5 次
for n in range(0,5):
    try:
        #设置超时为 1 秒
        response = requests.get()
        response = requests.post('http://image.baidu.com/post',timeout=1)
        print(response.url)            #打印请求 url
```

```
except Exception as e:                  #捕获异常
    print('异常是：'+str(e))             #打印异常信息
```

执行结果如下：

```
异常是：get() missing 1 required positional argument: 'url'
异常是：get() missing 1 required positional argument: 'url'
异常是：get() missing 1 required positional argument: 'url'
异常是：get() missing 1 required positional argument: 'url'
异常是：get() missing 1 required positional argument: 'url'
```

从结果可以看出，若 1 秒内服务器没有做出响应，则视为超时。根据以上模拟测试结果，可以确认在不同的情况下设置不同的 timeout 值。

13.6.4　代理服务

在爬取网页的过程中，经常会出现正常爬取的网页不能爬取了的情况，这是因为你的 IP 被爬取网站的服务器屏蔽了。解决上述问题的一个很好的方法就是设置代理服务器。例如代理服务器的地址为 144.164.177：806，使用该代理服务器爬取网页的代码如下：

```
import requests                         #导入 requests 模块
py = {'http': '144.164.177: 806',
'https': '144.164.177: 8080'}           #设置代理 IP 与对应的端口号
#对需要爬取的网页发送请求
response = requests.get('http://image.baidu.com/post', proxies=py)
print(response.content)                 #以字节流形式打印网页源码
```

注意：网上有很多免费的代理服务器，但是其 IP 地址是不固定的，所以需要经常更新。

13.7　Python 解析 XML

常见的 XML 编程接口包括 SAX（Simple API for XML）和 DOM（Document Object Model，文件对象模型），这两种接口处理 XML 文件的方式不同，应用场合也不同。Python 语言针对这两种接口提供了对应的处理方式。

13.7.1　使用 SAX 解析 XML

Python 标准库包含 SAX 解析器。SAX 是一种基于事件驱动的 API，通过在解析 XML 的过程中触发一个个的事件，调用用户自定义的回调函数来处理 XML 文件。

使用 SAX 解析 XML 文档主要包括两部分：解析器和事件处理器。其中，解析器负责读取 XML 文档，并向事件处理器发送事件，如元素开始与元素结束事件；事件处理器负责调出相应的事件，对传递的 XML 数据进行处理。

使用 SAX 解析 XML 文件时，主要使用 xml.sax 模块和 ContentHandler 类。下面分别进行介绍。

1. xml.sax 模块

xml.sax 模块中的方法如下：

（1）make_parser 方法

该方法创建一个新的解析器对象并返回。其语法格式如下：

```
xml.sax.make_parser( [parser_list] )
```

其中，parser_list 为解析器列表，属于可选参数。

（2）parser 方法

该方法创建一个 SAX 解析器并解析 XML 文档。其语法格式如下：

```
xml.sax.parse( xmlfile, contenthandler[, errorhandler])
```

其中，xmlfile 为 XML 文件的名称；contenthandler 为一个 ContentHandler 对象；errorhandler 为一个 SAX ErrorHandler 对象，属于可选参数。

（3）parseString 方法

该方法创建一个 XML 解析器并解析 XML 字符串。其语法格式如下：

```
xml.sax.parseString(xmlstring, contenthandler[, errorhandler])
```

其中，xmlstring 为 XML 字符串；contenthandler 为一个 ContentHandler 对象；errorhandler 为一个 SAX ErrorHandler 对象，属于可选参数。

2. ContentHandler 类

ContentHandler 类包含以下方法：

（1）characters(content)方法

该方法的调用时机为行与标签之间、标签与标签之间存在字符串时。其中，content 的值为这些字符串。另外，标签可以是开始标签，也可以是结束标签。

（2）startDocument()方法

该方法在文档启动时调用。

（3）endDocument()方法

该方法在解析器到达文档结尾时调用。

（4）startElement(name, attrs)方法

该方法在遇到 XML 开始标签时调用。其中，name 是标签的名字，attrs 是标签的属性值。

（5）endElement(name)方法

该方法在遇到 XML 结束标签时调用。

下面通过一个示例来学习使用 SAX 解析 XML 文件的方法。

【例 13.5】使用 SAX 解析 XML 文件（源代码\ch13\13.5.py 和 1.xml）。

1.xml 文件的内容如下：

```
<collection shelf="New Arrivals">
<goods title="英朗汽车">
  <type>car</type>
  <brand>别克</brand >
  <year>2018 年</year>
  <price>89000 元</price>
  <description>该款汽车以现代设计与创新高效科技为用户带来全新中级车体验。</description>
</goods>
<goods title="君越汽车">
  <type>car</type>
  <brand>别克</brand >
  <year>2018 年</year>
  <price>229800 元</price>
  <description>全新的双掠峰腰线设计勾勒出优雅隽逸的身姿，透出尊贵气度。</description>
</goods>
</collection>
```

13.5.py 文件的内容如下：

```python
import xml.sax
class bookHandler( xml.sax.ContentHandler ):
  def __init__(self):
    self.CurrentData = ""
    self.type = ""
    self.brand = ""
    self.year = ""
    self.price = ""
    self.description = ""
  # 元素开始调用
  def startElement(self, tag, attributes):
    self.CurrentData = tag
    if tag == "goods":
      print ("*****GOODS*****")
      title = attributes["title"]
      print ("Title:", title)
  # 元素结束调用
  def endElement(self, tag):
    if self.CurrentData == "type":
      print ("Type:", self.type)
    elif self.CurrentData == "brand":
      print ("Brand:", self.brand)
    elif self.CurrentData == "year":
      print ("Year:", self.year)
    elif self.CurrentData == "price":
```

```
            print ("Price:", self.price)
        elif self.CurrentData == "description":
            print ("Description:", self.description)
        self.CurrentData = ""
    # 读取字符时调用
    def characters(self, content):
        if self.CurrentData == "type":
            self.type = content
        elif self.CurrentData == "brand":
            self.brand = content
        elif self.CurrentData == "year":
            self.year = content
        elif self.CurrentData == "price":
            self.price = content
        elif self.CurrentData == "description":
            self.description = content
if ( __name__ == "__main__"):
    # 创建一个 XMLReader
    parser = xml.sax.make_parser()
    # turn off namepsaces
    parser.setFeature(xml.sax.handler.feature_namespaces, 0)
    # 重写 ContextHandler
    Handler = bookHandler()
    parser.setContentHandler(Handler)
    parser.parse("1.xml")
```

保存并运行程序，解析结果如下：

```
*****GOODS*****
Title: 英朗汽车
Type: car
Brand: 别克
Year: 2018 年
Price: 89000 元
Description: 该款汽车以现代设计与创新高效科技为用户带来全新中级车体验。
*****GOODS*****
Title: 君越汽车
Type: car
Brand: 别克
Year: 2018 年
Price: 229800 元
Description: 全新的双掠峰腰线设计勾勒出优雅隽逸的身姿，透出尊贵气度。
```

13.7.2　使用 DOM 解析 XML

　　DOM 是 W3C 组织推荐的处理可扩展标记语言的标准编程接口。DOM 将 XML 数据在内存中解析成一个树结构，通过对树结构的操作来解析 XML。

  DOM 解析器在解析一个 XML 文档时，会一次性读取整个文档，把文档中的所有元素保存在内存的一个树结构中，之后可以利用 DOM 提供的不同函数来读取或修改文档的内容和结构，也可以把修改过的内容写入 XML 文件。

  在 Python 中，用 xml.dom.minidom 解析 XML 文件，这里仍然以 1.xml 为例进行讲解。

【例 13.6】使用 DOM 解析 XML 文件（源代码\ch13\13.6.py）。

```python
from xml.dom.minidom import parse
import xml.dom.minidom
# 使用 minidom 解析器打开 XML 文档
DOMTree = xml.dom.minidom.parse("1.xml")
collection = DOMTree.documentElement
if collection.hasAttribute("shelf"):
    print ("Root element : %s" % collection.getAttribute("shelf"))
# 在集合中获取所有汽车
sumgoods = collection.getElementsByTagName("goods")
# 打印每款汽车的详细信息
for goods in sumgoods:
    print ("*****GOODS *****")
    if goods.hasAttribute("title"):
        print ("Title: %s" % goods.getAttribute("title"))
    type = goods.getElementsByTagName('type')[0]
    print ("Type: %s" % type.childNodes[0].data)
    brand = goods.getElementsByTagName('brand')[0]
    print ("Brand: %s" % brand.childNodes[0].data)
    description = goods.getElementsByTagName('description')[0]
    print ("Description: %s" % description.childNodes[0].data)
```

保存并运行程序，解析结果如下：

```
Root element : New Arrivals
*****GOODS *****
Title: 英朗汽车
Type: car
Brand: 别克
Description: 该款汽车以现代设计与创新高效科技为用户带来全新中级车体验。
*****GOODS *****
Title: 君越汽车
Type: car
Brand: 别克
Description: 全新的双掠峰腰线设计勾勒出优雅隽逸的身姿，透出尊贵气度。
```

13.8　XDR 数据交换格式

XDR（External Data Representation，外部数据表示法）是数据描述与编码的标准，它使用隐含形态的语言来正确描述复杂的数据格式。RPC（Remote Procedure Call，远程过程调用）与 NFS（Network File System，网络文件系统）等协议都使用 XDR 描述它们的数据格式，因为 XDR 适合在不同的计算机结构之间传输数据。

Python 语言通过 xdrlib 模块来处理 XDR 数据，在网络应用程序上的应用非常广泛。xdrlib 模块中定义了 Packer 类和 Unpacker 类，以及两个异常。

1. Packer 类

Packer 类用来将变量封装成 XDR 的类。Packer 实例变量的方法如下：

（1）get_buffer()：将目前的编码缓冲区（pack buffer）内容以字符串类型返回。

（2）reset()：将编码缓冲区重置为空字符串。

（3）pack_uint(value)：对一个 32 位的无正负号的整数进行 XDR 编码。

（4）pack_int(value)：对一个 32 位的有正负号的整数进行 XDR 编码。

（5）pack_enum(value)：对一个枚举对象进行 XDR 编码。

（6）pack_bool(value)：对一个布尔值进行 XDR 编码。

（7）pack_uhyper(value)：对一个 64 位的无正负号的数值进行 XDR 编码。

（8）pack_hyper(value)：对一个 64 位的有正负号的数值进行 XDR 编码。

（9）pack_float(value)：对一个单精度浮点数进行 XDR 编码。

（10）pack_double(value)：对一个双精度浮点数进行 XDR 编码。

（11）pack_fstring(n, s)：对一个长度为 n 的字符串进行 XDR 编码。

（12）pack_fopaque(n, data)：对一个固定长度的数据流进行 XDR 编码，与 pack_fstring()方法类似。

（13）pack_string(s)：对一个变动长度的字符串进行 XDR 编码。

（14）pack_opaque(data)：对一个变动长度的数据流进行 XDR 编码，与 pack_string()方法类似。

（15）pack_bytes(bytes)：对一个变动长度的字节流进行 XDR 编码，与 pack_string()方法类似。

（16）pack_list(list, pack_item)：对一个同型元素列表进行 XDR 编码，此方法用在无法决定大小的列表上。对列表中的每一个项目而言，无正负号整数 1 会先被编码。其中，pack_item 是编码个别项目的函数，会在列表的结尾编码一个无正负号整数 0。例如：

```
import xdrlib
p = xdrlib.Packer()
p.pack_list([1, 2, 3], p.pack_int)
```

（17）pack_farray(n, array, pack_item)：对一个固定长度的同型元素列表进行 XDR 编码。其中，参数 n 是列表长度，array 是含有数据的列表，pack_item 是编码个别项目的函数。

（18）pack_array(list, pack_item)：对一个变动长度的同型元素列表进行 XDR 编码。首先针对其长度进行编码，然后调用 pack_farray()对数据进行编码。

2. Unpacker 类

Unpacker 类用来从字符串缓冲区 data 内解封装 XDR 的类。Unpacker 实例变量的方法如下：

（1）reset(data)：重置欲译码数据的字符串缓冲区。

（2）get_position()：返回目前缓冲区内的位置。

（3）set_position(position)：将目前缓冲区内的位置设置为 position。

（4）get_buffer()：将目前的译码缓冲区以字符串类型返回。

（5）done()：表示译码完毕，若数据未译码，则抛出异常。

（6）unpack_uint()：将一个 32 位的无正负号整数译码。

（7）unpack_int()：将一个 32 位的有正负号整数译码。

（8）unpack_enum()：将一个枚举对象译码。

（9）unpack_bool()：将一个布尔值译码。

（10）unpack_uhyper()：将一个 64 位的无正负号数值译码。

（11）unpack_hyper()：将一个 64 位的有正负号数值译码。

（12）unpack_float()：将一个单精度浮点数译码。

（13）unpack_double()：将一个双精度浮点数译码。

（14）unpack_fstring(n)：将一个长度为 n 的字符串译码。

（15）unpack_fopaque(n)：将一个固定长度的数据流译码，与 unpack_fstring()方法类似。

（16）unpack_string()：将一个变动长度的字符串译码。

（17）unpack_opaque()：将一个变动长度的数据流译码，与 unpack_string()方法类似。

（18）unpack_bytes()：将一个变动长度的字节流译码，与 unpack_string()方法类似。

（19）unpack_list(unpack_item)：将一个由 pack_list()方法编码的同型元素列表译码。其中，unpack_item 是译码个别项目的函数，每次译码一个元素，先译码一个无正负号整数的标志。如果标志为 1，该元素就先译码；如果标志为 0，就表示列表的结尾。

（20）unpack_farray(n, unpack_item)：将一个固定长度的同型元素列表译码。其中，n 是列表长度，unpack_item 是译码个别项目的函数。

（21）unpack_array(unpack_item)：将一个变动长度的同型元素列表译码。其中，unpack_item 是译码个别项目的函数。

3. 两个异常

xdrlib 模块的两个异常被编码成类实例变量：ConversionError 和 Error。

（1）Error：这是基本的异常类。Error 有一个公用数据成员 msg，包含对错误的描述。

（2）ConversionError：衍生自 Error 异常，包含额外实例变量的变量。

下面的示例演示如何捕获 ConversionError，代码如下：

```
import xdrlib
p = xdrlib.Packer()
try:
    p.pack_float("123")
```

```
except xdrlib.ConversionError as ErrorObj:
    print ("Error while packing the data: ", ErrorObj.msg)
```

输出结果如下：

```
Error while packing the data: required argument is not a float
```

下面的示例将两个字符串与一个整数数据编码并译码，然后分别打印编码前、编码后及译码后的数据值。

【例 13.7】编码和译码数据（源代码\ch13\13.7.py）。

```
import xdrlib
#编码数据
def packer(name, sex, age):
    #创建 Packer 类的实例变量
    p = xdrlib.Packer()
    #将一个变动长度的字符串进行 XDR 编码
    p.pack_string(name)
    p.pack_string(sex)
    #将一个 32 位的无正负号整数进行 XDR 编码
    p.pack_uint(age)
    #将目前的编码缓冲区内容以字符串类型返回
    data = p.get_buffer()
    return data
#译码数据
def unpacker(packer):
    #创建 Unpacker 类的实例变量
    p = xdrlib.Unpacker(packer)
    return p
#打印未编码前的数据
print ("The original values are: '张小明', '女', 24")
#编码数据
packedData = packer("Machael Jones".encode('utf-8'), "male".encode('utf-8'),
24)
#打印编码后的数据
print ("The packed data is: ", repr(packedData))
#打印译码后的数据
unpackedData = unpacker(packedData)
print ("The unpack values are: ")
print ((repr(unpackedData.unpack_string()), ", ", \
    repr(unpackedData.unpack_string()), ", ", \
    unpackedData.unpack_uint()))
#译码完毕
unpackedData.done()
```

执行结果如下：

```
The original values are: '张小明', '女', 24
The packed data is: b'\x00\x00\x00\rMachael
Jones\x00\x00\x00\x00\x00\x00\x04male\x00\x00\x00\x18'
The unpack values are:
("b'Machael Jones'", ', ', "b'male'", ', ', 24)
```

13.9　JSON 数据解析

JSON（JavaScript Object Notation）是一种轻量级的数据交换格式，其基于 ECMAScript 的一个子集。Python 中提供了 json 模块来对 JSON 数据进行编码和解码。json 模块中包含以下两个函数：

（1）json.dumps()：对数据进行编码。

（2）json.loads()：对数据进行解码。

下面的示例学习如何将 Python 类型的数据编码为 JSON 数据类型。

【例 13.8】将 Python 类型的数据编码为 JSON 数据类型（源代码\ch13\13.8.py）。

```
import json
# Python 字典类型转换为 JSON 对象
data = {
    'id' : 1001,
    '名称' : '海尔洗衣机',
    '价格' : '3600 元'
}
json_str = json.dumps(data)
print ("Python 原始数据: ", repr(data))
print ("JSON 对象: ", json_str)
```

保存并运行程序，结果如下：

```
Python 原始数据: {'id': 1001, '名称': '海尔洗衣机', '价格': '3600 元'}
JSON 对象: {"id": 1001, "\u540d\u79f0": "\u6d77\u5c14\u6d17\u8863\u673a",
"\u4ef7\u683c": "3600\u5143"}
```

下面的示例展示如何将 JSON 数据类型解码为 Python 数据类型。

【例 13.9】将 JSON 编码的字符串转换为 Python 数据结构（源代码\ch13\13.9.py）。

```
import json
# Python 字典类型转换为 JSON 对象
data1 = {
    'id' : 101,
    '名称' : '海尔洗衣机',
```

```
        '价格' : '3600 元'
    }
json_str = json.dumps(data1)
print ("Python 原始数据: ", repr(data1))
print ("JSON 对象: ", json_str)
# 将 JSON 对象转换为 Python 字典
data2 = json.loads(json_str)
print ("data2['名称']: ", data2['名称'])
print ("data2['价格']: ", data2['价格'])
```

保存并运行程序，结果如下：

```
Python 原始数据: {'id': 101, '名称': '海尔洗衣机', '价格': '3600 元'}
JSON 对象: {"id": 101, "\u540d\u79f0": "\u6d77\u5c14\u6d17\u8863\u673a",
"\u4ef7\u683c": "3600\u5143"}
data2['名称']: 海尔洗衣机
data2['价格']: 3600 元
```

上面两个示例处理的都是字符串，如果处理的是文件，就需要使用 json.dump()和 json.load()来编码和解码 JSON 数据。代码如下：

```
# 写入 JSON 数据
with open('data.json', 'w') as f:
    json.dump(data, f)
# 读取数据
with open('data.json', 'r') as f:
    data = json.load(f)
```

13.10　Python 解析 HTML

Python 使用 urllib 包抓取网页后，将抓取的数据交给 HTMLParser 进行解析，从而提取出需要的内容。Python 提供了一个比较简单的解析模块——HTMLParser 类，使用起来非常方便。

HTMLParser 类在使用时，一般是先继承它，然后重载其方法，以达到解析出数据的目的。HTMLParser 类的常用方法如下：

（1）handle_starttag(tag, attrs)：处理开始标签，如<div>。这里的 attrs 获取到的是属性列表，属性以元组的方式展示。

（2）handle_endtag(tag)：处理结束标签，如</div>。

（3）handle_startendtag(tag, attrs)：处理自己结束的标签，如<img />。

（4）handle_data(data)：处理数据，如标签之间的文本。

（5）handle_comment(data)：处理注释，如<!-- -->之间的文本。

下面的示例解析 HTML 文件 1.html，并打印其内容。

【例 13.10】解析 HTML 文件（源代码\ch13\13.10.py 和 1.html）。

1. html 文件的内容如下：

```
<!DOCTYPE html>
<html >
<head>
<title>房屋装饰装修效果图</title>
</head>
<body>
<p> <img src="images/xiyatu.jpg" width="300" height="200"/> <img
src="images/stadshem.jpg" width="300" height="200"/><br />
    西雅图原生态公寓室内设计 与 Stadshem 小户型公寓设计（带阁楼）</p>
<hr/>
<p> <img src="images/qingxinhuoli.jpg" width="300" height="200"/> <img
src="images/renwen.jpg" width="300" height="200"/><br />
    清新活力家居与人文简约悠然家居</p>
<hr />
</body>
</html>
```

网页预览效果如图 13-5 所示。

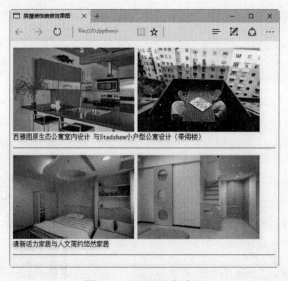

图 13-5　网页预览效果

13.10.py 文件的内容如下：

```
from html.parser import HTMLParser
class MyHTMLParser(HTMLParser):
    def handle_starttag(self, tag, attrs):
        """
        recognize start tag, like <div>
```

```python
        :param tag:
        :param attrs:
        :return:
        """
        print("Encountered a start tag:", tag)
    def handle_endtag(self, tag):
        """
        recognize end tag, like </div>
        :param tag:
        :return:
        """
        print("Encountered an end tag :", tag)
    def handle_data(self, data):
        """
        recognize data, html content string
        :param data:
        :return:
        """
        print("Encountered some data  :", data)
    def handle_startendtag(self, tag, attrs):
        """
        recognize tag that without endtag, like <img />
        :param tag:
        :param attrs:
        :return:
        """
        print("Encountered startendtag :", tag)
    def handle_comment(self,data):
        """
        :param data:
        :return:
        """
        print("Encountered comment :", data)
#打开 HTML 文件
path = "1.html"
filename = open(path)
data = filename.read()
filename.close()
#创建 MyHTMLParser 类的实例变量
p = MyHTMLParser()
p.feed(data)
p.close()
```

保存并运行程序，解析内容如下：

```
Encountered some data  :
Encountered a start tag: html
Encountered some data  :
Encountered a start tag: head
Encountered some data  :
Encountered a start tag: title
Encountered some data  : 房屋装饰装修效果图
Encountered an end tag : title
Encountered some data  :
Encountered an end tag : head
Encountered some data  :
Encountered a start tag: body
Encountered some data  :
Encountered a start tag: p
Encountered some data  :
Encountered startendtag : img
Encountered some data  :
Encountered startendtag : img
Encountered startendtag : br
Encountered some data  :
西雅图原生态公寓室内设计 与 Stadshem 小户型公寓设计（带阁楼）
Encountered an end tag : p
Encountered some data  :
Encountered startendtag : hr
Encountered some data  :
Encountered a start tag: p
Encountered some data  :
Encountered startendtag : img
Encountered some data  :
Encountered startendtag : img
Encountered startendtag : br
Encountered some data  :
清新活力家居与人文简约悠然家居
Encountered an end tag : p
Encountered some data  :
Encountered startendtag : hr
Encountered some data  :
Encountered an end tag : body
Encountered some data  :
Encountered an end tag : html
Encountered some data  :
```

解析 HTML 文件的技术主要是继承了 HTMLParser 类，然后重写了里面的一些方法，从而获取自己所需的信息。用户可以通过重写方法获得网页中指定的内容。

（1）获取属性的函数为静态函数，直接定义在类中，返回属性名对应的属性。例如：

```
def _attr(attrlist, attrname):
    for attr in attrlist:
        if attr[0] == attrname:
            return attr[1]
    return None
```

（2）获取所有 p 标签的文本，比较简单的方法是只修改 handle_data。例如：

```
def handle_data(self, data):
    if self.lasttag == 'p':
        print("Encountered p data  :", data)
```

（3）获取 CSS 样式（class）为 p_font 的 p 标签的文本。例如：

```
def __init__(self):
    HTMLParser.__init__(self)
    self.flag = False
def handle_starttag(self, tag, attrs):
    if tag == 'p' and _attr(attrs, 'class') == 'p_font':
        self.flag = True
def handle_data(self, data):
    if self.flag == True:
        print("Encountered p data  :", data)
```

（4）获取 p 标签的属性列表。例如：

```
def handle_starttag(self, tag, attrs):
    if tag == 'p':
        print("Encountered p attrs  :", attrs)
```

（5）获取 p 标签的 class 属性。例如：

```
def handle_starttag(self, tag, attrs):
    if tag == 'p' and _attr(attrs, 'class'):
        print("Encountered p class  :", _attr(attrs, 'class'))
```

（6）获取 div 下的 p 标签的文本。例如：

```
def __init__(self):
    HTMLParser.__init__(self)
    self.in_div = False
def handle_starttag(self, tag, attrs):
    if tag == 'div':
        self.in_div = True
```

```
def handle_data(self, data):
    if self.in_div == True and self.lasttag == 'p':
```

下面的示例提取网页中标题的属性值和内容。

【例 13.11】提取网页中标题的属性值和内容（源代码\ch13\13.11.py 和 2.html）。

2.html 文件的内容如下：

```
<!DOCTYPE html>
<html>
<title id='10124' mouse='古诗'>这里是标题的内容</title>
<body>锄禾日当午，汗滴禾下土</body>
</html>
```

预览效果如图 13-6 所示。

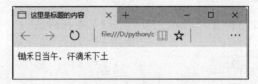

图 13-6　网页预览效果

13.11.py 文件的内容如下：

```
from html.parser import HTMLParser
class MyClass(HTMLParser):
    a_t=False
    def handle_starttag(self, tag, attrs):
        #print("开始一个标签:",tag)
        print()
        if str(tag).startswith("title"):
            print(tag)
            self.a_t=True
            for attr in attrs:
                print("   属性值: ",attr)
    def handle_endtag(self, tag):
        if tag == "title":
            self.a_t=False
            #print("结束一个标签:",tag)
    def handle_data(self, data):
        if self.a_t is True:
            print("得到的数据: ",data)
#打开 HTML 文件
path = "2.html"
filename = open(path)
```

```
data = filename.read()
filename.close()
#创建 myClass 类的实例变量
p = MyClass()
p.feed(data)
p.close()
```

保存并运行程序，结果如下：

```
title
    属性值：  ('id', '10124')
    属性值：  ('mouse', '古诗')
得到的数据：  这里是标题的内容
```

第14章

访问数据库

虽然通过操作文件可以实现简单的数据操作功能，但是不能快速查询，只有把数据全部读取到内存中才能遍历查询。而在实际应用中，不可能每次读取数据都把数据全部读入内存中，因为数据大小经常远远超过内存大小。为了解决上述问题，可以将数据存储在专门的数据库软件中。本章将重点讲解 Python 操作 SQLite 数据库和 MySQL 数据库的方法和技巧。

14.1 平面数据库

平面数据库（Flat Database）是文本数据或二进制数据文件。要打开文本数据文件，使用 Python 内置函数 open() 即可，这个在前面的章节已经讲解过。要打开二进制数据文件，则使用 struct 模块。本节将重点学习如何打开二进制数据文件。

struct 模块可以处理和操作与系统无关的二进制数据文件。struct 模块只适合处理小型文件，如果是大型文件，就需要使用 array 模块来处理。struct 模块将二进制文件的数据与 Python 结构进行转换，通常使用 C 语言所写的接口来完成。

struct 模块主要的方法包括 pack()、unpack() 和 calcsize()，在前面的章节已经介绍过。

下面的示例将 4 个数值数据（100、200、300、400）转换为 integer 类型的二进制数据，然后转换回原来的数值数据。

【例 14.1】读取二进制文件（源代码\ch14\14.1.py）。

```
from tkinter import *
import tkinter.filedialog, struct
#创建应用程序的类
class App:
    def __init__(self, master):
        #创建一个 Label 配件
```

```
        self.label = Label(master)
        self.label.pack(anchor=W)
        #创建一个 Button 配件
        self.button = Button(master, text="开始", command=self.getBinaryData)
        self.button.pack(anchor=CENTER)
    def setBinaryData(self):
        #将数值数据 100、200、300、400 转换为 integer 类型的二进制数据
        self.bytes = struct.pack("i"*4, 100, 200, 300, 400)
    def getBinaryData(self):
        self.setBinaryData()
        #将 integer 类型的二进制数据转换为原来的数值数据(100, 200, 300, 400)
        values = struct.unpack("i"*4, self.bytes)
        self.label.config(text = str(values))
#创建应用程序窗口
win = Tk()
win.title(string = "平面数据库")
#创建应用程序类的实例变量
app = App(win)
#开始程序循环
win.mainloop()
```

保存并运行程序，在打开的窗口中单击"开始"按钮，结果如图 14-1 所示。

图 14-1　程序运行结果

14.2　内置数据库 SQLite

SQLite 是小型数据库，它不需要作为独立的服务器运行，可以直接在本地运行。在 Python 3 版本中，SQLite 已经被包装成标准库 pySQLite。可以先将 SQLite 作为一个模块导入，模块的名称为 sqlite3，然后就可以创建一个数据库文件进行连接。例如：

```
import sqlite3
myconn=sqlite3.connect("D:\python\ch15\mydata.db")
```

connect()函数将返回一个连接对象 myconn，这个对象是目前和数据库的连接对象。该对象支持的方法如下：

（1）close()：关闭连接。连接关闭后，连接对象和游标均不可用。

（2）commit()：提交事务。这里需要数据库支持事务，如果数据库不支持事务，该方法就不会起作用。

（3）rollback()：回滚挂起的事务。

（4）cursor()：返回连接的游标对象。

上面的代码运行后将创建一个 myconn 连接，如果 mydata.db 文件不存在，就会创建一个名称为 mydata.db 的数据库文件。

下面将继续创建一个连接的游标，该游标用于执行 SQL 语句。命令如下：

```
mycur=myconn.cursor()
```

cursor()方法将返回一个游标对象 mycur。游标对象支持的方法如下：

（1）close()：关闭游标。游标关闭后，游标将不可用。

（2）callproc(name[,params])：使用给定的名称和参数（可选）调用已命名的数据库。

（3）execute(oper[,params])：执行一个 SQL 操作。

（4）executemany(oper,pseq)：对序列中的每个参数集执行 SQL 操作。

（5）fetchone()：把查询的结果集中在下一行保存为序列。

（6）fetchmany([size])：获取查询集中的多行。

（7）fetchall()：把所有的行作为序列的序列。

（8）nextset()：跳至下一个可用的结果集。

（9）setinputsizes(sizes)：为参数预先定义内存区域。

（10）setoutputsizes(size[,col])：为获取的大数据值设置缓冲区大小。

游标对象的属性如下：

（1）description：结果列描述的序列，只读。

（2）rowcount：结果中的行数，只读。

（3）arraysize：fetchmany 中返回的行数，默认为 1。

当游标执行 SQL 语句后，即可提交事务。命令如下：

```
myconn.commit()
```

事务提交后，即可关闭连接。命令如下：

```
myconn.close()
```

下面将通过一个综合示例来学习操作 SQLite 数据库的方法。

【例 14.2】创建数据表并插入数据（源代码\ch14\14.2.py）。

```
import sqlite3
conn=sqlite3.connect("fruits.db")
curs = conn.cursor()
curs.execute('''
CREATE TABLE fruits (
    id        TEXT      PRIMARY KEY,
    name      TEXT,
    number    INT,
    info      TEXT
```

```
)
''')
curs.execute('''
INSERT INTO fruits VALUES(
    1,'苹果',1200,'苹果的库存很充足'
)
''')
curs.execute('''
INSERT INTO fruits VALUES(
    2,'香蕉',2600,'香蕉的库存很充足'
)
''')
curs.execute('''
INSERT INTO fruits VALUES(
    3,'橘子',3600,'橘子的库存很充足'
)
''')
conn.commit()
conn.close()
```

保存并运行程序后，即可在 ch14 文件夹下创建一个名称为 fruits.db 的数据库文件。

数据库创建完成后，可使用 execute()方法执行 SQL 查询，使用 fetchall()等方法提取需要的结果。

下面将通过一个综合示例来学习使用 SELECT 条件语句查询数据库，并打印出查询结果。

【例 14.3】查询数据（源代码\ch14\14.3.py）。

```
import sqlite3, sys
conn = sqlite3.connect('fruits.db')
curs = conn.cursor()
curs.execute('''
SELECT * FROM fruits
WHERE name="苹果"
''')
names = [f[0] for f in curs.description]
for row in curs.fetchall():
    for pair in zip(names, row):
        print ('%s: %s' % pair)
```

保存并运行程序，输出结果如下：

```
id: 1
name: 苹果
number: 1200
info: 苹果的库存很充足
```

14.3 操作 MySQL 数据库

MySQL 是目前比较流行的数据库管理系统。本节将重点学习 Python 操作 MySQL 数据库的方法和技巧。

14.3.1 安装 PyMySQL

Python 语言为操作 MySQL 数据库提供了标准库 PyMySQL。下面讲解 PyMySQL 的下载和安装方法。

步骤 01 在浏览器地址栏中输入 PyMySQL 的下载地址：https://pypi.python.org/pypi/PyMySQL/，如图 14-2 所示。先选择 "Download files" 链接，然后选择 PyMySQL-1.0.2-py3-none-any.whl 文件，即可下载 PyMySQL。

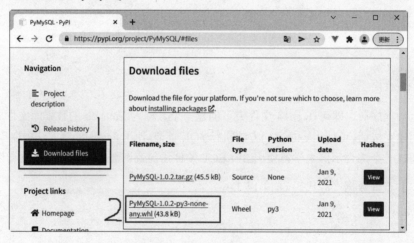

图 14-2 PyMySQL 的下载页面

步骤 02 将下载的文件放置在 D:\codehome\python\ch14\ 下。下面开始安装 PyMySQL-1.0.2。

步骤 03 以管理员身份启动 "命令提示符" 窗口，然后进入 PyMySQL-1.0.2-py3-none-any.whl 文件所在的路径。命令如下：

```
C:\windows\system32>d:
D:\>cd D:\codehome\python\ch14\
```

步骤 04 开始安装 PyMySQL-1.0.2，命令如下：

```
D:\codehome\python\ch14>pip install PyMySQL-1.0.2-py3-none-any.whl
```

运行结果如图 14-3 所示。

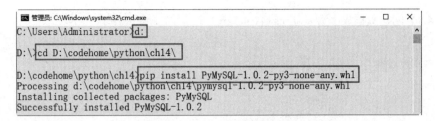

图 14-3　安装 PyMySQL

14.3.2　连接 MySQL 数据库

在连接 MySQL 数据库之前，需要完成以下工作：

（1）安装 MySQL 服务器软件。

（2）创建数据库 ffs。

下面的示例演示 Python 如何连接 MySQL 数据库。

【例 14.4】连接 MySQL 数据库（源代码\ch14\14.4.py）。

```python
import pymysql
# 打开数据库连接
# 注意这里的服务器地址和端口号要根据实际情况填写，有的 MySQL 端口号是 3306
db = pymysql.connect(host="localhost",
                port=3308,
                user="root",
                password="",
                database="ffs",
                charset='utf8mb4',
                cursorclass=pymysql.cursors.DictCursor)
# 使用 cursor()方法创建一个游标对象 cursor
cursor = db.cursor()
# 使用 execute()方法执行 SQL 查询
cursor.execute("SELECT VERSION()")
# 使用 fetchone()方法获取单条数据
data = cursor.fetchone()
print ("Database version : %s " % data)
# 关闭数据库连接
db.close()
```

保存并运行程序，输出数据库的版本号，结果如下：

```
Database version : {'VERSION()': '5.7.28'}
```

14.3.3　创建数据表

数据库连接完成后，即可使用 execute()方法为数据库创建数据表。

【例 14.5】创建数据表（源代码\ch14\14.5.py）。

```python
import pymysql
# 打开数据库连接
db = pymysql.connect(host="localhost",
                     port=3308,
                     user="root",
                     password="",
                     database="ffs",
                     charset='utf8mb4',
                     cursorclass=pymysql.cursors.DictCursor)
# 使用 cursor() 方法创建一个游标对象 cursor
cursor = db.cursor()
# 定义 SQL 语句
sql = """CREATE TABLE fruits(
id  INT NOT NULL UNIQUE,
name  CHAR(20) NOT NULL,
number INT)
"""
# 使用 execute() 方法执行 SQL
cursor.execute(sql)
# 关闭数据库连接
db.close()
```

保存并运行程序，即可创建数据表 fruits。

14.3.4　插入数据

数据表 fruits 创建完成后，使用 INSERT 语句可以向数据表中插入数据。

【例 14.6】插入数据（源代码\ch14\14.6.py）。

```python
import pymysql
# 打开数据库连接
connection = pymysql.connect(host="localhost",
                     port=3308,
                     user="root",
                     password="",
                     database="ffs",
                     charset='utf8mb4',
                     cursorclass=pymysql.cursors.DictCursor)
# 使用 cursor() 方法获取操作游标
with connection:
    with connection.cursor() as cursor:
        # Create a new record
        sql = "INSERT INTO `fruits` (`id`, `name`, `number`) VALUES (%s,%s,%s)"
        cursor.execute(sql, ('1001', 'apple', '2600'))
```

保存并运行程序，即可向数据表 fruits 中插入数据。

14.3.5 查询数据

Python 查询 MySQL 数据库时，主要用到以下几个方法：

（1）fetchone()：该方法获取下一个查询结果集，结果集是一个对象。

（2）fetchall()：接收全部的返回结果行。

（3）rowcount：这是一个只读属性，返回执行 execute()方法后影响的行数。

下面的示例查询数量大于 2500 的水果。

【例 14.7】查询数据（源代码\ch14\14.7.py）。

```python
import pymysql
# 打开数据库连接
connection = pymysql.connect(host="localhost",
                port=3308,
                user="root",
                password="",
                database="ffs",
                charset='utf8mb4',
                cursorclass=pymysql.cursors.DictCursor)
# 使用 cursor()方法获取操作游标
with connection.cursor() as cursor:
        # Read a single record
        sql = "SELECT * FROM `fruits` WHERE `number`>%s"
        cursor.execute(sql, ('2500'))
        result = cursor.fetchone()
        print(result)
# 关闭数据库连接
connection.close()
```

保存并运行程序，输出结果如下：

```
{'id': 1001, 'name': 'apple', 'number': 2600}
```

14.3.6 更新数据

使用 UPDATE 语句可以更新数据库记录。

下面将更新 fruits 表中的 number 字段，各行均减去 1000。

【例 14.8】更新数据（源代码\ch14\14.8.py）。

```python
import pymysql
# 打开数据库连接
db = pymysql.connect(host="localhost",
                port=3308,
                user="root",
```

```
                        password="",
                        database="ffs",
                        charset='utf8mb4',
                        cursorclass=pymysql.cursors.DictCursor)
# 使用 cursor()方法获取操作游标
cursor = db.cursor()
# SQL 更新语句
sql = "UPDATE fruits SET number=number-1000"
try:
    # 执行 SQL 语句
    cursor.execute(sql)
    # 提交到数据库执行
    db.commit()
except:
    # 发生错误时回滚
    db.rollback()
# 关闭数据库连接
db.close()
```

保存并运行程序，即可实现数据表中 number 字段的数值减值操作。

14.3.7 删除数据

使用 DELETE 语句可以删除数据表中的数据。

下面的示例删除数据表 fruits 中 name 为 apple 的所有数据。

【例 14.9】删除数据（源代码\ch14\14.9.py）。

```
import pymysql
# 打开数据库连接
connection = pymysql.connect(host="localhost",
                    port=3308,
                    user="root",
                    password="",
                    database="ffs",
                    charset='utf8mb4',
                    cursorclass=pymysql.cursors.DictCursor)
# 使用 cursor()方法获取操作游标
with connection.cursor() as cursor:
        # Read a single record
        sql = "DELETE from `fruits` WHERE `name`=%s"
        cursor.execute(sql,('apple'))
# 关闭数据库连接
connection.close()
```

保存并运行程序，即可删除数据表中字段 name 为 apple 的所有记录。

14.4 防止 SQL 注入

在前面构建 SQL 语句时，参数采用占位符占位，在执行时再传递实参。例如查询数据的 SQL 语句如下：

```
sql = "SELECT * FROM fruits WHERE number>%s"
cursor.execute(sql, ('2500'))
```

这种方法看起来比较麻烦，是否可以在构建 SQL 语句时直接将实参拼接起来呢？例如将上述代码修改如下：

```
sql = "SELECT * FROM fruits WHERE number>"+'2500'
cursor.execute(sql)
```

虽然看起来查询结果没区别，但是修改后的代码有一定的风险，容易遭到 SQL 注入攻击。例如上述代码修改如下：

```
sql = "SELECT * FROM fruits WHERE number>"+'2500' or 1=1 or'1'
cursor.execute(sql)
```

此时会发现 WHERE 条件一直为真，相当于 WHERE 条件失效，等价于 SELECT * FROM fruits，从而导致整张表的数据全部被查询出来。这里仅仅是查询，如果是删除，则会删除数据表中的全部数据，那岂不是更危险？这就是 SQL 注入所带来的风险。

Python 提供了安全的访问方式，即构造参数列表，代码如下：

```
params = ['2500']
sql = ' SELECT * FROM fruits WHERE number>%s'
cursor.execute(sql, params)
```

第15章

多线程

前面编写的程序都是单线程，如果想让程序同时执行多个任务，就需要使用多线程技术。多线程用于同时执行多个不同的程序或任务，可以做到并行处理和提高程序执行性能。本章重点学习Python 中多线程的应用方法和技巧。

15.1　线程的相关知识

本节学习线程的相关知识。

15.1.1　进程

简单来说，一个进程（Process）就是一个正在执行的程序，每一个进程都有自己独立的一块内存空间、一组系统资源。在进程的概念中，每一个进程的内部数据和状态都是完全独立的。

在 Windows 操作系统中，一个进程就是一个 EXE 或者 DLL 程序，它们既可以相互独立，也可以相互通信。

当执行任何一个应用程序时，CPU 都会为该应用程序创建一个进程。该进程由以下元素组成：

（1）给应用程序保留的内存空间。

（2）一个应用程序计数器。

（3）一个应用程序打开的文件列表。

（4）一个存储应用程序内变量的调用堆栈。

如果该应用程序只有一个调用堆栈及一个计数器，那么该应用程序称为单线程的应用程序。

15.1.2　多线程

在一个进程中可以包含多个线程，多个线程共享一块内存空间和一组系统资源。所以，系统在各个线程之间切换时，开销要比进程小得多。正因如此，线程被称为轻量级进程。可见，进程是线程的容器。每个独立的线程有一个程序运行的入口、顺序执行的序列和一个程序的出口。但是线程不能够独立执行，必须依存在应用程序中，由应用程序提供多个线程的执行控制。

线程可以分为两类：

（1）内核线程：由操作系统内核创建和撤销。

（2）用户线程：不需要内核支持，而在用户程序中实现的线程。

多线程类似于同时执行多个不同的程序，多线程运行有如下优点：

（1）使用线程可以把占据时间长的程序中的任务放到后台去处理。

（2）用户界面可以更加吸引人，比如用户单击一个按钮去触发某些事件的处理，可以弹出一个进度条来显示处理的进度。

（3）程序的运行速度可能加快。

（4）在一些等待的任务实现上，如用户输入、文件读写和网络收发数据等，线程就比较有用了。在这种情况下可以释放一些珍贵的资源，如内存占用等。

15.1.3　Python 中的多线程

在 Python 程序中，多线程的应用程序会创建一个函数，来执行需要重复执行多次的程序代码，然后创建一个线程执行该函数。一个线程是一个应用程序单元，用于在后台并行执行多个耗时的动作。

在多线程的应用程序中，每一个线程的执行时间等于应用程序所花的 CPU 时间除以线程的数目。因为线程彼此之间会分享数据，所以在更新数据之前，必须先将程序代码锁定，如此所有的线程才能同步。

Python 程序至少有一个线程，这就是主线程，程序在启动后由 Python 解释器负责创建主线程，在程序结束后由 Python 解释器负责停止主线程。

在多线程中，主线程负责其他线程的启动、挂起、停止等操作。其他线程被称为子线程。Python 提供了两个多线程模块，即_thread 和 threading。_thread 模块提供低级的接口，用于支持小型的进程线程；threading 模块则以 thread 模块为基础，提供高级的接口。推荐使用 threading 模块。

除了_thread 模块与 threading 模块之外，早期 Python 版本还有一个 queue 模块。queue 模块内的 queue 类可以在多个线程中安全地移动 Python 对象。在 Python 3 中，thread 模块已被废弃，用户可以使用 threading 模块代替。所以，在 Python 3 中不能再使用 thread 模块。为了兼容性，Python 3 将 thread 重命名为_thread。

15.2 _thread 模块

Python 中使用线程的方式有两种：函数或者用类来包装线程对象。例如调用_thread 模块中的 start_new_thread()函数来产生新线程。其语法如下：

```
_thread.start_new_thread ( function, args[, kwargs] )
```

该函数的参数如下：

（1）function：线程的函数名称。

（2）args：传递给线程函数的参数，必须是元组类型。

（3）kwargs：关键字参数，是可选参数。

_thread 模块中其他的函数如下：

（1）_thread.allocate_lock()：创建并返回一个 lckobj 对象。lckobj 对象有以下 3 个方法：

- lckobj.acquire([flag])：用来捕获一个 lock。
- lcjobj.release()：释放 lock。
- lckobj.locked()：若对象成功锁定，则返回 True；否则返回 False。

（2）_thread.exit()：抛出一个 SystemExit，以终止线程的执行。它与 sys.exit()函数相同。

（3）_thread.get_ident()：读取目前线程的识别码。

【例 15.1】使用_thread 模块创建多线程（源代码\ch15\15.1.py）。

```python
import _thread
import time

# 为线程定义一个函数
def print_time( threadName, delay):
  count = 0
  while count < 5:
    time.sleep(delay)
    count += 1
    print ("%s: %s" % ( threadName, time.ctime(time.time()) ))

# 创建两个线程
try:
  _thread.start_new_thread( print_time, ("线程1", 2, ) )
  _thread.start_new_thread( print_time, ("线程2", 4, ) )
except:
  print ("Error: 无法启动线程")

while 1:
  pass
```

保存并运行程序，输出结果如下：

```
线程1: Wed Jan  5 11:51:45 2022
线程2: Wed Jan  5 11:51:47 2022
线程1: Wed Jan  5 11:51:48 2022
线程1: Wed Jan  5 11:51:50 2022
线程2: Wed Jan  5 11:51:51 2022
线程1: Wed Jan  5 11:51:52 2022
线程1: Wed Jan  5 11:51:54 2022
线程2: Wed Jan  5 11:51:56 2022
线程2: Wed Jan  5 11:52:00 2022
线程2: Wed Jan  5 11:52:04 2022
```

执行以上线程后可以按组合键 Ctrl+C 退出。

15.3　threading 模块

threading 模块的函数如下：

（1）threading.activeCount()：返回活动中的线程对象数目。

（2）threading.currentThread()：返回目前控制中的线程对象。

（3）threading.enumerate()：返回活动中的线程对象列表。

每一个 threading.Thread 类对象都有以下方法：

（1）threadobj.start()：执行 run()方法。

（2）threadobj.run()：此方法被 start()方法调用。

（3）threadobj.join([timeout])：此方法等待线程结束。timeout 的单位是秒。

（4）threadobj.isAlive ()：返回线程是否是活动的。

（5）threadobj.getName()：返回线程名。

（6）threadobj.setName()：设置线程名。

下面的示例直接从 threading.Thread 类继承创建一个新的子类，并实例化后调用 start()方法启动新线程，即它调用了线程的 run()方法。

【例 15.2】使用 threading 模块创建多线程（源代码\ch15\15.2.py）。

```python
import threading
import time

exitFlag = 0

class myThread (threading.Thread):
    def __init__(self, threadID, name, counter):
        threading.Thread.__init__(self)
```

```
        self.threadID = threadID
        self.name = name
        self.counter = counter
    def run(self):
        print ("开始线程: " + self.name)
        print_time(self.name, self.counter, 5)
        print ("退出线程: " + self.name)

def print_time(threadName, delay, counter):
    while counter:
        if exitFlag:
            threadName.exit()
        time.sleep(delay)
        print ("%s: %s" % (threadName, time.ctime(time.time())))
        counter -= 1

# 创建新线程
thread1 = myThread(1, "线程1", 1)
thread2 = myThread(2, "线程2", 2)

# 开启新线程
thread1.start()
thread2.start()
thread1.join()
thread2.join()
print ("退出主线程")
```

保存并运行程序，输出结果如下：

```
开始线程：线程1开始线程：线程2

线程1: Wed Jan  5 12:02:38 2022
线程2: Wed Jan  5 12:02:39 2022 线程1: Wed Jan  5 12:02:39 2022

线程1: Wed Jan  5 12:02:40 2022
线程2: Wed Jan  5 12:02:41 2022 线程1: Wed Jan  5 12:02:41 2022

线程1: Wed Jan  5 12:02:42 2022
退出线程：线程1
线程2: Wed Jan  5 12:02:43 2022
线程2: Wed Jan  5 12:02:45 2022
线程2: Wed Jan  5 12:02:47 2022
退出线程：线程2
退出主线程
```

15.4　线程同步

如果多个线程共同对某个数据进行修改，则可能出现不可预料的结果，为了保证数据的正确性，需要对多个线程进行同步。

使用 Thread 对象的 Lock 和 Rlock 可以实现简单的线程同步，这两个对象都有 acquire()方法和 release()方法，对于那些每次只允许一个线程操作的数据，可以将其操作放到 acquire()和 release()方法之间。

多线程的优势在于可以同时运行多个任务。但是当线程需要共享数据时，可能存在数据不同步的问题。

例如，一个列表中所有元素都是 0，线程 set 从后向前把所有元素改成 1，而线程 print 负责从前往后读取列表并打印。那么，可能线程 set 开始修改的时候，线程 print 便来打印列表了，输出就成了一半 0 一半 1，这就是数据的不同步。为了避免这种情况，Python 引入了锁的概念。

锁有两种状态——锁定和未锁定。每当一个线程（比如 set）要访问共享数据时，必须先获得锁定，如果已经有别的线程（比如 print）获得锁定了，就让线程 set 暂停，也就是同步阻塞，等到线程 print 访问完毕，释放锁以后，再让线程 set 继续。

经过这样的处理，打印列表时要么全部输出 0，要么全部输出 1，不会再出现输出一半 0 一半 1 的情况。

【例 15.3】线程同步（源代码\ch15\15.3.py）。

```python
import threading
import time
class myThread (threading.Thread):
    def __init__(self, threadID, name, counter):
        threading.Thread.__init__(self)
        self.threadID = threadID
        self.name = name
        self.counter = counter
    def run(self):
        print ("\n开启线程： " + self.name)
        # 获取锁，用于线程同步
        threadLock.acquire()
        print_time(self.name, self.counter, 3)
        # 释放锁，开启下一个线程
        threadLock.release()
def print_time(threadName, delay, counter):
    while counter:
        time.sleep(delay)
        print ("%s: %s" % (threadName, time.ctime(time.time())))
        counter -= 1
threadLock = threading.Lock()
threads = []
```

```
# 创建新线程
thread1 = myThread(1, "线程 1", 1)
thread2 = myThread(2, "线程 2", 2)
# 开启新线程
thread1.start()
thread2.start()
# 添加线程到线程列表
threads.append(thread1)
threads.append(thread2)
# 等待所有线程完成
for t in threads:
    t.join()
print ("退出主线程")
```

保存并运行程序，输出结果如下：

```
开启线程:  线程 1
开启线程:  线程 2

线程 1: Wed Jan  5 12:22:32 2022
线程 1: Wed Jan  5 12:22:33 2022
线程 1: Wed Jan  5 12:22:34 2022
线程 2: Wed Jan  5 12:22:36 2022
线程 2: Wed Jan  5 12:22:38 2022
线程 2: Wed Jan  5 12:22:40 2022
退出主线程
```

15.5　线程优先级队列

Python 的 queue 模块中提供了同步的、线程安全的队列类，包括 FIFO（先入先出）队列、LIFO（后入先出）队列和优先级队列。

这些队列能够在多线程中直接使用，可以使用队列来实现线程间的同步。

queue 模块中的常用方法如下：

（1）Queue.qsize()：返回队列的大小。

（2）Queue.empty()：如果队列为空，返回 True，反之返回 False。

（3）Queue.full()：如果队列满了，返回 True，反之返回 False。

（4）Queue.get([block[, timeout]])：获取队列和 timeout 等待时间。

（5）Queue.put(item)：写入队列和 timeout 等待时间。

（6）Queue.task_done()：向任务已经完成的队列发送一个信号。

（7）Queue.join()：等到队列为空，再执行别的操作。

【例 15.4】线程优先级队列（源代码\ch15\15.4.py）。

```python
import queue
import threading
import time
exitFlag = 0
class myThread (threading.Thread):
    def __init__(self, threadID, name, q):
        threading.Thread.__init__(self)
        self.threadID = threadID
        self.name = name
        self.q = q
    def run(self):
        print ("\n开启线程: " + self.name)
        process_data(self.name, self.q)
        print ("\n退出线程: " + self.name)
def process_data(threadName, q):
    while not exitFlag:
        queueLock.acquire()
        if not workQueue.empty():
            data = q.get()
            queueLock.release()
            print ("%s 队列 %s " % (threadName, data))
        else:
            queueLock.release()
        time.sleep(1)
threadList - ["线程1", "线程2", "线程3"]
nameList = ["One", "Two", "Three", "Four", "Five"]
queueLock = threading.Lock()
workQueue = queue.Queue(10)
threads = []
threadID = 1
# 创建新线程
for tName in threadList:
    thread = myThread(threadID, tName, workQueue)
    thread.start()
    threads.append(thread)
    threadID += 1
# 填充队列
queueLock.acquire()
for word in nameList:
    workQueue.put(word)
queueLock.release()
# 等待队列清空
while not workQueue.empty():
    pass
# 通知线程是时候退出
```

```
exitFlag = 1
# 等待所有线程完成
for t in threads:
    t.join()
print ("退出主线程")
```

保存并运行程序，输出结果如下：

```
开启线程：线程 1
开启线程：线程 2
开启线程：线程 3
线程 3 队列 One
线程 1 队列 Two
线程 2 队列 Three
线程 3 队列 Four
线程 1 队列 Five
退出线程：线程 3
退出线程：线程 2
退出线程：线程 1
退出主线程
```

第16章

游戏开发案例——开发弹球游戏

通过对前面章节的学习，相信读者已经对 Python 语言有了全面的认识。从本章开始，将进入项目实战演练阶段。本章将开发一个弹球游戏，主要涉及 tkinter 库的应用。通过对本章内容的学习，相信读者会加深对 Python 语言的理解，并对游戏开发的流程有一个清晰的认识。

16.1 项目分析

在开发任何系统之前，都需要进行系统需求分析。需求分析在软件开发中是非常重要的步骤，只有把用户的需求了解到位，才能开发出满足需求功能的软件系统。

本示例实现了一个简单的弹球游戏，该游戏在一个单独的图形窗口中运行。游戏初始化后，在游戏窗口单击鼠标左键开始游戏。玩家通过按键盘上的左、右方向键来控制弹板的移动，弹球和弹板撞击一次，将得一分，当弹球触底时，本局游戏结束。玩家一共有 4 次生命，即可以玩 4 次游戏，当生命值大于或等于 0 时，可以继续游戏；当生命值小于 0 时，游戏结束。

通过分析可知，弹球游戏需要设计的功能如下：

（1）设置游戏：绘制窗口、弹板、初始弹球，设置生命提示文本、得分提示文本、游戏提示文本，将鼠标左键单击事件与开始游戏函数绑定在一起。

（2）单击鼠标左键开始游戏后，解除鼠标左键单击事件的绑定，重设得分，删除游戏提示文本。

（3）进入游戏循环，判断弹球是否触底。

① 弹球触底：弹球速度设为 0，生命值减 1，再判断生命值是否小于 0。如果小于 0，那么游戏结束；否则重新开始执行第（1）项。

② 弹球未触底：首先绘制弹球，然后重新执行第（3）项。

16.2　弹球游戏中的算法

在此弹球游戏中，弹球偏移量的算法如下：

（1）预设弹球速度为 10，弹球运动方向为 direction =[1,-1]（向右、向上运动）。

（2）当弹球碰到画布顶边、左边、右边及碰到弹板时，方向取反。

（3）取横坐标 x=direction[0]、纵坐标 y= direction[1]，将方向与速度相乘，得到弹球的偏移量(x,y)。

判定弹球与弹板相撞的算法如下：

（1）取得弹球和弹板的坐标。

（2）当弹球的横坐标在弹板之间，且弹球的右下角纵坐标在弹板的左上角与右下角的纵坐标之间时，判定为弹球与弹板相撞。

16.3　具体功能实现

有了上面的分析和环境配置后，本节将编写具体的代码来完成弹球游戏。这里主要学习相关模块的定义，包括类和函数等。

该示例只有一个程序文件：pinball_game.py。其代码如下：

```python
#! /usr/bin/env python3
# -*- coding: utf-8 -*-

import tkinter as tk

#游戏对象的一些通用方法
class GameObject(object):
    def __init__(self, canvas, item):
        self.canvas = canvas
        self.item = item

    #删除对象
    def delete(self):
        self.canvas.delete(self.item)

    #得到对象的坐标
    def get_coords(self):
        return self.canvas.coords(self.item)

    #对象移动
    def move(self, x, y):
        self.canvas.move(self.item, x, y)
```

```python
class Racket(GameObject):
    def __init__(self, canvas, x, y):
        item = canvas.create_rectangle(x, y, x + 90, y + 10, fill='green')
        super().__init__(canvas, item)

    #绘制弹板
    def draw(self, offset):
        pos = self.get_coords()
        width = self.canvas.winfo_width()
        #当弹板在画布内时，按给定偏移量移动
        if pos[0] + offset >= 0 and pos[2] + offset <= width:
            super().move(offset, 0)

class Ball(GameObject):
    def __init__(self, canvas, x, y):
        self.direction = [1, -1]
        self.speed = 10
        item = canvas.create_oval(x, y, x + 20, y + 20, fill='blue')
        super().__init__(canvas, item)

    #绘制弹球
    def draw(self):
        pos = self.get_coords()
        self.canvas_width = self.canvas.winfo_width()
        #方向判断
        if pos[1] <= 0:
            self.direction[1] *= -1
        if game.hit_racket():
            self.direction[1] *= -1
        if pos[0] <= 0 or pos[2] >= self.canvas_width:
            self.direction[0] *= -1
        #偏移量
        x = self.direction[0] * self.speed
        y = self.direction[1] * self.speed
        self.move(x, y)

#游戏类，定义了游戏的完整流程
class Game(tk.Frame):
    def __init__(self, master):
        #调用父类(tk.Frame)并返回该类实例的__init__方法
        super().__init__(master)

        self.lives = 3
        self.scores = 0
        self.width = 800
        self.height = 600
```

```python
        #设置画板并放置
        self.canvas = tk.Canvas(self, bg='#f8c26c', width=self.width,
height=self.height)
        self.canvas.pack()
        self.pack()

        self.ball = None
        self.lives_text = None
        self.scores_text = None

        #初始化弹板
        self.racket = Racket(self.canvas, self.width/2-45, 480)

        self.setup_game()
        #将键盘焦点转移到画布组件上
        self.canvas.focus_set()

        #将键盘上的左键、右键与弹板左、右移动函数绑定在一起
        self.canvas.bind('<KeyPress-Left>', lambda turn_left:
self.racket.draw(-20))
        self.canvas.bind('<KeyPress-Right>', lambda turn_right:
self.racket.draw(20))

    #加载游戏，或者预置游戏
    def setup_game(self):
        #将球设置在弹板中间位置的上方
        self.reset_ball()
        #预置生命、得分和游戏提示的文本
        self.update_lives_text()
        self.update_scores_text()
        self.text = self.canvas.create_text(400, 200, text='单击鼠标左键开始游戏
', font=('Helvetica', 36))
        #将鼠标左键单击事件与开始游戏绑定在一起
        self.canvas.bind('<Button-1>', lambda start_game: self.start_game())

    #在游戏预置时添加弹球，弹球在弹板中间位置的上方
    def reset_ball(self):
        if self.ball != None:
            self.ball.delete()
        racket_pos = self.racket.get_coords()
        x = (racket_pos[0] + racket_pos[2]) * 0.5-10
        self.ball = Ball(self.canvas, x, 350)

    #更新生命的数字
    def update_lives_text(self):
```

```
                text = '生命: %s' % self.lives
            if self.lives_text is None:
                self.lives_text = self.canvas.create_text(60, 30, text=text,
font=('Helvetica', 16), fill='green')
            else:
                self.canvas.itemconfig(self.lives_text, text=text)

        #更新得分的数字
        def update_scores_text(self):
            text = '得分: %s' % self.scores
            if self.scores_text is None:
                self.scores_text = self.canvas.create_text(60, 60, text=text,
font=('Helvetica', 16), fill='green')
            else:
                self.scores = self.scores + 1
                text = '得分: %s' % self.scores
                self.canvas.itemconfig(self.scores_text, text=text)

        #开始游戏
        def start_game(self):
            #依次解除绑定、重设得分、删除提示文本、开始游戏循环
            self.canvas.unbind('<Button-1>')
            self.reset_score()
            self.canvas.delete(self.text)
            self.game_loop()

        # 重置得分的数字为 0
        def reset_score(self):
            self.scores = 0
            text = '得分: %s' % self.scores
            self.canvas.itemconfig(self.scores_text, text=text)

        #游戏循环
        def game_loop(self):
            #若弹球超过底部, 则将弹球的速度变为 0, lives 减 1; 否则绘制弹球, 再次进行游戏循环
            if self.ball.get_coords()[3] >= self.height:
                self.ball.speed = 0
                self.lives -= 1
                #若 lives 小于 0, 则游戏结束; 否则调整 scores, 重新预置游戏
                if self.lives < 0:
                    self.canvas.create_text(400, 200, text='游戏结束',
font=('Helvetica', 36), fill='red')
                else:
                    self.scores = self.scores - 1
                    self.after(1000, self.setup_game)
            else:
```

```
            self.ball.draw()
            self.after(50, self.game_loop)
    #弹球与弹板的碰撞条件，每碰撞一次，就更新一次得分
    def hit_racket(self):
        ball_pos = self.ball.get_coords()
        racket_pos = self.racket.get_coords()
        if ball_pos[2] >= racket_pos[0] and ball_pos[0] <= racket_pos[2]:
            if ball_pos[3] >= racket_pos[1] and ball_pos[3] <= racket_pos[3]:
                self.update_scores_text()
                return True
        return False


if __name__ == '__main__':
    root = tk.Tk()
    root.title('弹球游戏')
    #设置窗口大小不可改变
    root.resizable(0, 0)
    #设置窗口总是显示在最前面
    root.wm_attributes("-topmost", 1)
    game = Game(root)
    game.mainloop()
```

通过定义一些类和函数，从而实现游戏的各个功能。

1. GameObject 类

该类定义了游戏对象的功能函数，具体函数的功能如下：

（1）delete()函数：该函数的功能是删除指定对象。
（2）get_coords()函数：该函数的功能是获得指定对象的坐标。
（3）move()函数：该函数的功能是对指定对象进行移动。

2. Racket 类

该类继承自 GameObject 类，定义了游戏中弹板的一些参数和方法，具体函数的功能如下：

（1）__init__()函数：该函数定义变量和调用父类实例的__init__方法。
（2）draw()函数：该函数定义如何绘制弹板。

3. Ball 类

该类继承自 GameObject 类，定义了游戏中弹球的一些参数和方法，具体函数的功能如下：

（1）__init__()函数：该函数定义变量和调用父类实例的__init__方法。
（2）draw()函数：该函数定义如何绘制弹球。

4. Game 类

该类继承自 tk.Frame 类，定义了游戏中的变量和游戏的完整流程，具体函数的功能如下：

（1）__init__()函数：该函数定义游戏参数的初始值，包括生命、得分、画布大小、画布的创建和放置等，初始化弹板位置并绘制和设置游戏，将键盘焦点转移到画布组件上，同时将键盘左键、右键按键事件与弹板左、右移动函数绑定在一起。

（2）setup_game()函数：该函数的主要功能是加载或设置游戏，内容依次为：

① 重设弹球。
② 设置生命提示文本。
③ 设置得分提示文本。
④ 设置游戏提示文本。
⑤ 将鼠标左键单击事件与开始游戏函数绑定在一起。

（3）reset_ball()函数：该函数的主要功能是重设弹球，将弹球设置在弹板中间位置的上方。

（4）update_lives_text()函数：该函数的主要功能是设置或更新生命提示文本。

（5）update_scores_text()函数：该函数的主要功能是设置或更新得分提示文本。

（6）start_game()函数：该函数的主要功能是定义开始游戏后的程序运行流程或逻辑，依次为解除绑定、重设得分、删除提示文本、开始游戏循环。

（7）reset_score()函数：该函数的主要功能是重置得分为 0。

（8）game_loop()函数：该函数的主要功能是定义游戏循环的内容。若弹球触底，则将弹球的速度变为 0，生命减 1；否则绘制弹球，再次进行游戏循环。若生命小于 0，则结束游戏；否则调整得分，重新设置游戏，再开始一局。

（9）hit_racket()函数：该函数的主要功能是定义弹球与弹板的碰撞条件，每碰撞一次，就更新一次得分。

16.4　项目测试

在编辑器中写好以上模块的代码后保存。下面将继续测试弹球游戏。

运行本示例的程序文件 pinball_game.py，显示游戏初始界面，如图 16-1 所示。

单击鼠标左键开始游戏，按键盘上的左键、右键即可移动挡板，每弹一次球，就可以得到 1 分，如图 16-2 所示。

 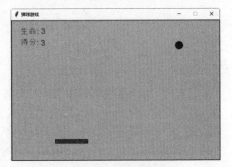

图 16-1　弹球游戏的初始界面　　　　图 16-2　开始游戏并得分

当弹球触底后，本局游戏结束，游戏自动重置，生命减少 1 次，得分不变，如图 16-3 所示。

单击鼠标左键可以继续游戏，直到消耗掉 4 次生命后，游戏结束，如图 16-4 所示。

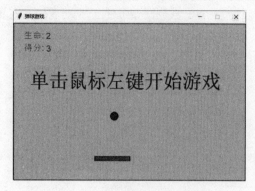
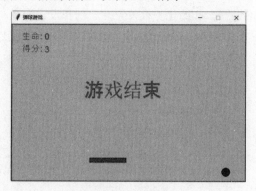

图 16-3 游戏自动重置　　　　　　　　　　　图 16-4 游戏结束

第17章

网络爬虫案例
——豆瓣电影评论的情感分析

前面章节中讲解过 Python 解析 HTML 文件的方法，其实这也是网络爬虫的一种应用。本章将以豆瓣电影评论的情感分析为例进行讲解，通过对该案例的学习，强化读者对 Python 基础知识的理解。同时通过实现对一组数据的情感分析，加深读者对中文文本处理方法的理解，进一步掌握数据可视化的操作，为以后学习其他相关内容打下基础。

17.1　项目分析

情感分析又称倾向性分析、意见抽取、意见挖掘、情感挖掘、主观分析，它是利用自然语言处理、文本挖掘及计算机语言学等方法对带有情感色彩的主观性文本进行分析、处理、归纳和推理的过程，亦是学术领域研究多年的课题，利用 Google、百度搜索可以找到很多相关内容，其应用相当广泛。

本示例通过抽取豆瓣上对电影《加勒比海盗 5》的评论进行情感分析，并以一幅饼状图呈现分析结果。

该项目运行过程如图 17-1 所示。

图 17-1　项目运行过程

本案例具体的算法步骤说明如下：

步骤 01　给定 URL，本案例将要分析豆瓣上的电影《加勒比海盗 5》，其链接为 https://movie.douban.com/subject/6311。

步骤 02　收集 步骤 01 中给定 URL 的前 100 条评论，并将打分转换为情感标签，然后保存评论和情感标签为一个文件 review.txt。

步骤 03　利用 snownlp 逐条分析 步骤 02 中收集到的每条评论的情感并打分。

步骤 04　根据 步骤 03 的打分，得出情感预测精度并画出正反比例的饼状图。

17.2 环境配置

本书在第 1 章已经讲解了 Python 环境的配置方法，这里不再赘述。

唯一不同的是本项目的运行需要 4 个库，即 snownlp、beautifulsoup、matplotlib 和 requests。开发情感分析系统之前，需要完成这些库的安装和配置。

1. snownlp 库

snownlp 库主要用于进行中文分词、词性标注、情感分析、文本分类、转换拼音、繁体转简体、提取文本关键词、提取摘要、分割句子、文本相似分类等操作。snownlp 库的下载地址为 https://pypi.org/project/snownlp/，进入下载页面即可下载目前最新的版本 snownlp 0.12.3，如图 17-2 所示。

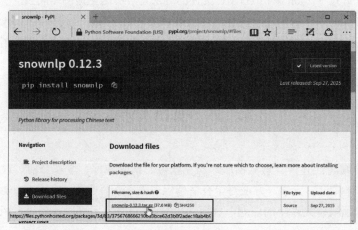

图 17-2 snownlp 库的下载页面

将下载的 snownlp-0.12.3.tar.gz 压缩文件解压，即可发现有一个 setup.py 安装文件，如图 17-3 所示。

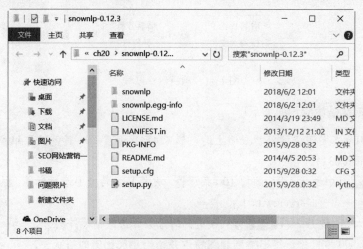

图 17-3 解压文件

以管理员的身份运行"命令提示符"窗口，进入文件解压目录，然后执行下面的命令即可自动安装 snownlp 库。

```
python setup.py install
```

安装过程如图 17-4 所示。

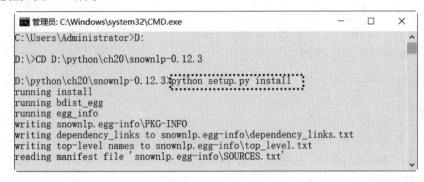

图 17-4　安装 snownlp 库

2. beautifulsoup 库

beautifulsoup 库是一个可以从 HTML 或 XML 文件中提取数据的 Python 库，简单来说，它能将 HTML 的标签文件解析成树形结构，方便获取指定标签的对应属性。beautifulsoup 库不需要编写正则表达式就可以很方便地实现网页信息的提取，既灵活又高效，是非常受欢迎的网页代码解析库。

beautifulsoup 库的下载地址是 https://pypi.org/project/beautifulsoup4/，目前 beautifulsoup 库的最新版本是 4.11.1，如图 17-5 所示。安装 beautifulsoup 库与安装 snownlp 库的方法一样，这里不再赘述。

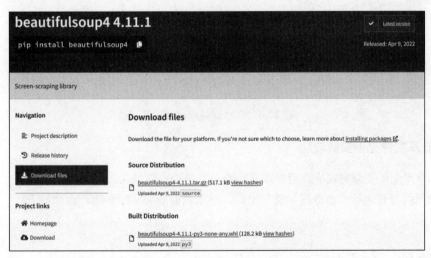

图 17-5　beautifulsoup 库的下载页面

3. matplotlib 库

matplotlib 是 Python 中比较著名的绘图库，它提供了一整套与 matlab 相似的命令 API，十分适合交互式制图，并且也可以很方便地将它作为绘图控件嵌入 GUI 应用程序中。

matplotlib 库的下载地址是 https://pypi.org/project/matplotlib/。安装 matplotlib 库的方法与安装 snownlp 库的一样，这里不再赘述。

用户还可以在线安装 matplotlib 库，方法比较简单。以管理员的身份运行"命令提示符"窗口，执行在线安装 matplotlib 库的命令即可：

```
pip install matplotlib
```

4. requests 库

requests 库是简单易用的 HTTP 库，使用起来要比 urllib 库简洁许多。用户可以使用 pip 命令安装 requests 库，方法比较简单。以管理员的身份运行"命令提示符"窗口，然后执行 pip 安装命令即可自动下载并安装 requests 库。

```
pip install requests
```

安装过程如图 17-6 所示。

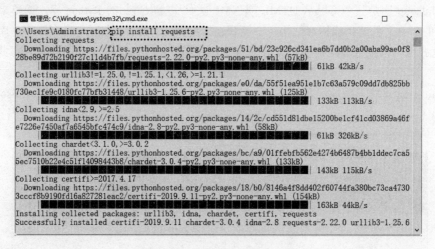

图 17-6　在线安装 requests 库

5. 检查库文件是否安装成功

上面 4 个库文件安装完成后，用户需要检查一下是否安装成功。

以管理员的身份运行"命令提示符"窗口，检查当前安装了哪些库，命令如下：

```
python -m pip list
```

检查结果如图 17-7 所示。

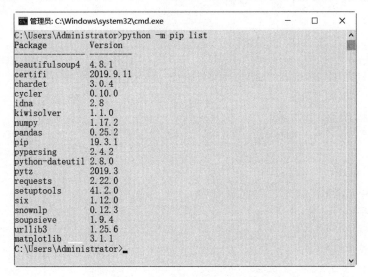

图 17-7　检查当前安装了哪些库

从结果可以看出，snownlp、beautifulsoup、matplotlib 和 requests 库已全部安装成功。

17.3　具体功能实现

本案例的代码只有两个程序文件：ReviewCollection.py 和 SentimentAnalysis.py，下面分别进行介绍。

1. ReviewCollection.py 文件

ReviewCollection.py 文件的主要功能是定义两个函数，以便其他程序调用。每个函数的功能如下：

（1）StartoSentiment()函数：该函数将评分转换为情感标签。在本案例中，将大于或等于三星的评论当作正面评论，小于三星的评论当作负面评论。

（2）CollectReivew()函数：该函数收集给定电影 URL 的前 n 条评论和评分，在本案例中设置收集前 100 条评论，返回评论和评分。

ReviewCollection.py 的具体代码如下：

```python
#!/usr/bin/python
# -*- coding: utf-8 -*-


from bs4 import BeautifulSoup
import requests
import csv
import re
import time
```

```python
import codecs


def StartoSentiment(star):
    '''
    将评分转换为情感标签
    简单起见，
    我们将大于或等于三星的评论当作正面评论，小于三星的评论当作负面评论
    '''
    score = int(star[-2])
    if score >= 3:
        return 1
    #elif score < 3:
    #    return -1
    else:
        return 0


def CollectReivew(root, n, outfile):
    '''
    收集给定电影 URL 的前 n 条评论
    '''
    reviews = []
    sentiment = []
    urlnumber = 1
    while urlnumber < n:
        url = root + 'comments?start=' + str(urlnumber) +
'&limit=20&sort=new_score'
        print('要收集的电影评论网页为：' + url)

        try:
            html = requests.get(url, timeout = 10)
        except Exception as e:
            break
        soup = BeautifulSoup(html.text.encode("utf-8"))

        #通过正则表达式匹配评论和评分
        for item in
soup.find_all(name='span',attrs={'class':re.compile(r'^allstar')}):
            sentiment.append(StartoSentiment(item['class'][0]))

        for item in soup.find_all(name='p',attrs={'class': ''}):
            if str(item).find('class="pl"') < 0:
                r = str(item.string).strip()
                reviews.append(r)
```

```
            urlnumber = urlnumber + 22
            time.sleep(3)

    with codecs.open(outfile, 'w', 'utf-8') as output:
        for i in range(len(sentiment)):
            output.write(reviews[i] + '\t' + str(sentiment[i]) + '\n')
    return (reviews, sentiment)
```

2. SentimentAnalysis.py 文件

SentimentAnalysis.py 文件为主程序文件，包含的函数功能说明如下：

（1）PlotPie()函数：该函数的主要功能是画图，包括设置画饼状图的流程和参数。

（2）main()函数：该函数为执行函数，规定了程序执行的流程和逻辑。

```
#!/usr/bin/python
# -*- coding: utf-8 -*-

import ReviewCollection
from snownlp import SnowNLP
from matplotlib import pyplot as plt

#画饼状图
def PlotPie(ratio, labels, colors):
    plt.figure(figsize=(6, 8))
    explode = (0.05,0)

    patches,l_text,p_text =
plt.pie(ratio,explode=explode,labels=labels,colors=colors,
                        labeldistance=1.1,autopct='%3.1f%%',shadow=False,
                        startangle=90,pctdistance=0.6)
    plt.axis('equal')
    plt.legend()
    plt.show()


def main():
    #初始 URL，《加勒比海盗 5》的链接
    url = 'https://movie.douban.com/subject/6311303/'
    #保存评论文件
    outfile = 'review.txt'
    (reviews, sentiment) = ReviewCollection.CollectReivew(url, 100, outfile)
    numOfRevs = len(sentiment)
    #print(numOfRevs, len(sentiment))
    positive = 0.0
```

```python
    negative = 0.0
    accuracy = 0.0
    #利用 snownlp 逐条分析每条评论的情感
    for i in range(numOfRevs):
        sent = SnowNLP(reviews[i])
        predict = sent.sentiments
        if predict >= 0.5:
            positive += 1
            if sentiment[i] == 1:
                accuracy += 1
        else:
            negative += 1
            if sentiment[i] == 0:
            accuracy += 1
    #计算情感分析的精度
    print('情感预测精度为: ' + str(accuracy/numOfRevs))
    #绘制饼状图
    #定义饼状图的标签
    labels = ['Positive Reviews', 'Negetive Reviews']
    #每个标签占的百分比
    ratio = [positive/numOfRevs, negative/numOfRevs]
    colors = ['red','yellowgreen']
    PlotPie(ratio, labels, colors)

if __name__=="__main__":
    main()
```

在编辑器中写好以上模块内容后保存。下面将测试豆瓣电影评论的情感分析过程。

17.4　项目测试

运行本案例的主程序文件 SentimentAnalysis.py，开始爬取网页内容并进行分析操作，如图 17-8 所示。

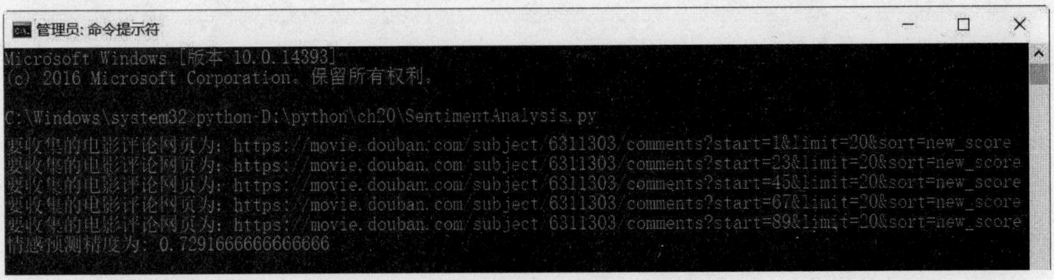

图 17-8　爬取网页内容并进行分析操作

分析完成后，将自动生成一个情感分析的饼状图，如图 17-9 所示。

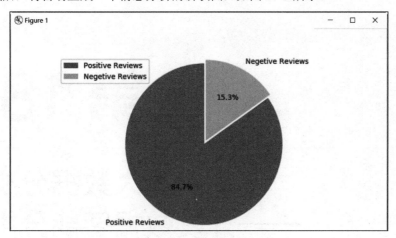

图 17-9　情感分析的饼状图

第18章

大数据分析案例
——开发数据智能分类系统

目前，大数据分析的应用已经非常广泛。处理大数据的算法有很多种，其中 K-Means 是常使用的一种，该算法的特点是简单、好理解、运算速度快，适用于处理大规模数据。本章将学习如何使用 Python 语言实现 K-Means 算法分析，并将结果生成可视化的图。

18.1　项目分析

在开发任何系统之前，读者都需要了解数据分析中聚类分析的概念。

聚类是数据挖掘领域中重要的技术之一，用于发现数据中未知的分类。聚类分析有很长的研究历史，其重要性已经越来越受到人们的肯定。聚类算法是机器学习、数据挖掘和模式识别等研究方向的重要研究内容之一，在识别数据对象的内在关系方面具有极其重要的作用。

聚类算法在模式识别中的主要应用是语音识别、字符识别等，在机器学习中的主要应用是图像分割，在图像处理中的主要应用是数据压缩、信息检索。在机器学习中，聚类算法的另一个主要应用是数据挖掘、时空数据库、序列和异常数据分析等。此外，聚类算法还应用于统计科学，同时在生物学、地质学、地理学及市场营销等方面也有着重要的作用。

聚类算法有几十种，其中 K-Means 是聚类算法中经常使用的一种，该算法的特点是简单、易理解、运算速度快，适用于处理大规模数据。本案例主要是手动实现 K-Means 算法，并将结果可视化。

该项目的运行过程如图 18-1 所示。

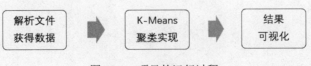

图 18-1　项目的运行过程

K-Means 聚类的算法步骤说明如下：

步骤 01 从所给的数据对象中任意选择 k 个对象作为初始聚类中心（本示例选取三个对象）。

步骤 02 对剩下的所有对象计算每个对象与这 k 个初始聚类中心的距离，根据设置好的阈值进行分类。

步骤 03 重新计算每个（有变化）聚类的均值，取得新的聚类中心点。

步骤 04 循环 **步骤 02** 和 **步骤 03** 直到每个聚类不再发生变化为止。

18.2　配置环境

本书的第 1 章已经讲解了 Python 环境的配置方法，这里就不再赘述。唯一不同的是，本项目的运行需要三个第三方库，即 pandas、numpy 和 matplotlib。

下面讲解这三个第三方库的下载与安装。

1. pandas 库

pandas 库提供高性能、易用的数据类型和分析工具。用户可以使用 pip 命令安装 pandas 库，方法比较简单。以管理员的身份运行"命令提示符"窗口，执行 pip 安装命令即可：

```
pip install pandas
```

2. numpy 库

numpy 库提供快速、简洁的多维数组语言机制，同时该库还包括操作线性几何、快速傅里叶转换及随机数等。本书在第 14.3 节已经详细讲解了该库的安装方法，这里不再赘述。

3. matplotlib 库

本书在 17.2 节中已经详细讲解了 matplotlib 库的安装方法，这里不再赘述。

18.3　具体功能实现

本案例只有两个文件：IRIS.csv 和 Kmeans.py，下面分别介绍这两个文件。

1. IRIS.csv 文件

IRIS.csv 是本案例中将要分析的数据文件。

2. Kmeans.py 文件

Kmeans.py 为本案例的功能分析主程序，其包含的函数功能如下：

（1）LoadData()函数：该函数调用 pandas 中的方法，解析所要分析的文件，获得标签（类别）和数据。

在此函数中，根据数据的类别不同进行一次数据可视化，可与项目最后的数据可视化进行对比。简单起见，此处的可视化只选择特征维度中的两个维度。

（2）EuclidDistance()函数：该函数的主要功能是计算欧几里得距离。

（3）CosineDistance()函数：该函数的主要功能是计算余弦相似度距离。

（4）RandomCentroid()函数：该函数的主要功能是随机生成初始的聚类中心，返回值为聚类中心的数组。

（5）KMeans()函数：该函数的主要功能是实现 K-Means 聚类方法，返回值为聚类中心和相应的聚类对象。

（6）VisulizeResult()函数：该函数的主要功能是实现数据结果的可视化，结果为一个反映数据聚类情况的图表。

（7）Main()函数：该函数定义了本程序的执行流程和逻辑顺序。

Kmeans.py 文件的代码如下：

```python
#!/usr/bin/python
# -*- coding: utf-8 -*-


import random
import pandas
import matplotlib.pyplot as plt
import numpy as np


def LoadData(filename):
    # 使用 pandas 解析 CSV 文件
    csv_data = pandas.read_csv(filename, header=None)
    csv_index = csv_data.columns.tolist()
    label = csv_data[csv_index[-1]].as_matrix()
    data = csv_data[csv_index[:-1]].as_matrix()
    label_index = csv_data[csv_index[-1]].value_counts().index.tolist()


    # 根据数据的类别不同进行数据可视化
    # 简单起见，我们只选择特征维度中的两个维度进行可视化
    groups = csv_data.groupby(csv_index[-1])
    fig, ax = plt.subplots()
    for name, group in groups:
        ax.plot(group[csv_index[0]], group[csv_index[4]], marker='o',
linestyle='', ms=12, label=name)
    plt.show()


    return (data, label)


def EuclidDistance(vec1, vec2):
    # 计算欧几里得距离
```

```
        return np.sqrt(sum((vec1 - vec2)**2))


    def CosineDistance(vec1, vec2):
        # 计算余弦相似度距离
        sumxx, sumxy, sumyy = 0, 0, 0
        for i in range(len(vec1)):
            x = vec1[i]
            y = vec2[i]
            sumxx += x*x
            sumyy += y*y
            sumxy += x*y
        return sumxy/np.sqrt(sumxx*sumyy)


    def RandomCentroid(data, k):
        # 随机生成初始的聚类中心
        centroids = []
        rand_index = random.sample(range(100), k)
        for i in rand_index:
            centroids.append(data[i,:])
        return np.array(centroids)


    def KMeans(data, k, distancemeansure=EuclidDistance,
centroidselection=RandomCentroid):
        # K-Means 聚类方法实现
        (m, n) = data.shape
        # 保存聚类结果
        clusters = np.zeros(shape=(m, 2))
        centroids = centroidselection(data, k)
        # 标记聚类结果是否发生变化
        clusterChanged = True
        # 迭代进行聚类操作，直到每个数据点的类别不再发生变化
        while clusterChanged:
            clusterChanged = False

            # 记录每次分布聚类后，每个类别的数据个数及特征总和，用以重新计算 centroid
            sumdata = np.zeros(shape=(k, n))
            sumpoint = np.zeros(shape=(k, 1))

            for i in range(m):
            # 对每个数据点进行类别分配
                minDist = float('inf')
                minIndex = -1
                for j in range(k):
```

```python
        # 给定一个数据点，计算该数据点与每个 centroid 的距离
            dist = distancemeansure(centroids[j,:],data[i,:])
            if dist < minDist:
                minDist = dist
                minIndex = j
        if clusters[i,0] != minIndex:
            clusterChanged = True
        clusters[i,:] = minIndex,minDist
        sumdata[minIndex,:] += data[i,:]
        sumpoint[minIndex,:] += 1

    # 根据分配的类别，重新计算 centroid
    for center in range(k):
        centroids[center,:] = sumdata[center,:]/sumpoint[center,:]

    return (centroids, clusters)


def VisulizeResult(data, k, centroids, clusters, dimension):
    (m, n) = data.shape
    # 简单起见，只选择特征维度中的两个维度进行可视化
    (dim1, dim2) = dimension
    mark = ['or', 'ob', 'og', 'ok', '^r', '+r']
    # 根据聚类结果，画出每个数据所属的类别，用不同的颜色(符号)标识
    for i in range(m):
        markIndex = int(clusters[i, 0])
        plt.plot(data[i, dim1], data[i, dim2], mark[markIndex])
    mark = ['Dr', 'Db', 'Dg', 'Dk', '^b', '+b']
    # 根据聚类结果，画出 K-Means 方法收敛时聚类中心所在的位置，用不同的颜色(符号)标识
    for i in range(k):
        plt.plot(centroids[i, dim1], centroids[i, dim2], mark[i],
markersize=10)
    plt.show()


def main():
    # 使用经典数据及 iris 数据进行测试
    (data, label) = LoadData('IRIS.csv')
    centroids, clusters=KMeans(data, 3)
    VisulizeResult(data, 3, centroids, clusters, (0, 2))


if __name__ == '__main__':
    main()
```

在编辑器中写好以上模块内容后保存。下面将测试 K-Means 算法是如何实现的。

18.4 项目测试

运行本案例的程序文件 Kmeans.py，结果显示的是没有采用 K-Means 聚类方法的可视化效果，如图 18-2 所示。

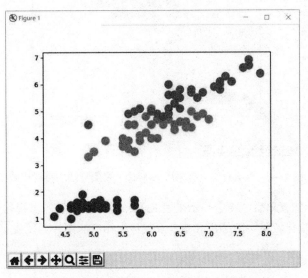

图 18-2 没有采用 K-Means 聚类方法的可视化效果

关闭图 18-2 所示的窗口后，将会显示采用 K-Means 聚类方法的可视化效果，如图 18-3 所示。

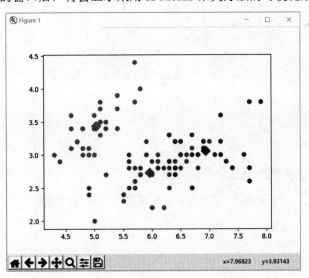

图 18-3 采用 K-Means 聚类方法的可视化效果

在本案例中，由于 K-Means 默认是随机初始化的，因此每次得到的结果会不一样。当再次运行本案例时，发现没有采用 K-Means 聚类方法的可视化效果并没有改变，如图 18-4 所示。

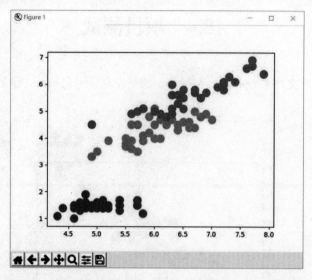

图 18-4　再次查看没有采用 K-Means 聚类方法的可视化效果

　　关闭图 18-4 所示的窗口后，将会显示采用 K-Means 聚类方法的可视化效果，如图 18-5 所示。从结果可以知道，可视化效果中的颜色（参考下载包中相应的图片）发生了变化。

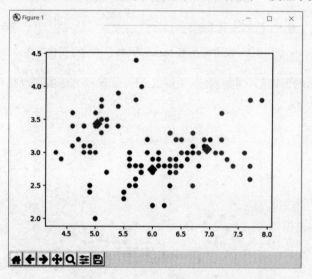

图 18-5　采用 K-Means 聚类方法的可视化效果

第19章

数据挖掘案例
——话题模型和词云可视化

随着大数据信息时代的到来，大量的文本数据给分析带来了困难，从而产生了主题模型算法，这个算法可用于数据挖掘，能找出数据中有价值的信息，然后通过词云可视化更加直观地查看数据呈现出来的规律。通过本案例的学习，将强化读者对 Python 基础知识的掌握，加深对文本数据分析中的话题模型理论和词云可视化的理解。

19.1　项目分析

随着信息时代的到来，数据产生的速度越来越快，大量的文本数据也给人们的分析带来困难。然而，这些大量文本数据的背后，其实蕴藏着丰富的价值，却还未被我们挖掘出来。为了挖掘这些大量文本数据背后的价值，人们想尽办法，采取了各种手段，其中主题模型算法是文本处理与数据挖掘中一个非常重要的方法，它可以有效地从文本语义中提取主题信息。目前，主题模型已经被广泛地应用于文本分析领域，并且它还可以通过可视化从视觉方面有效地传达主题信息。

本章通过开发一个话题模型+词云可视化的案例来学习这种文本分析的方法。其中，词云以词语为基本单位，可以更加直观和艺术化地展示文本。

本案例的运行过程如图 19-1 所示。

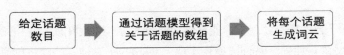

图 19-1　项目的运行过程

具体的算法步骤说明如下：

步骤 01 对需要分析的文本进行预处理，得到一个由处理过的词组成的文档。

步骤 02 利用 gensim 将载入的文本文件构造成词-词频（term-frequency）矩阵。

步骤 03 将词-词频矩阵作为输入，利用 LDA 进行话题分析。

步骤 03 利用词云工具 wordcloud 为每个话题生成词云。

19.2　配置环境

本书的第 1 章已经讲解了 Python 环境的配置方法，这里就不再赘述。唯一不同的是，本案例的运行需要 4 个第三方库，即 jieba、matplotlib、gensim 和 wordcloud。

下面讲解这 4 个第三方库的下载和安装方法。

1. jieba 库

jieba 库是一个分词库，对中文有着强大的分词能力。

用户可以使用 pip 命令安装 jieba 库，方法比较简单。以管理员的身份运行"命令提示符"窗口，执行 pip 安装命令：即可自动下载并安装 jieba 库。

```
pip install jieba
```

安装过程如图 19-2 所示。

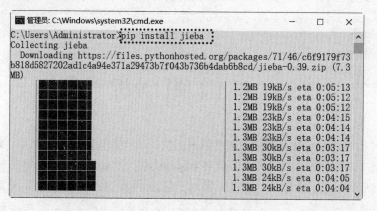

图 19-2　安装 jieba 库

2. matplotlib 库

本书在 17.2 节中已详细讲解了 matplotlib 库的安装方法，这里不再赘述。

3. gensim 库

gensim 库是一个自然语言处理库，能够将文档根据 TF-IDF、LDA、LSI 等模型转化为向量模式，以便进行深入处理。此外，gensim 库还实现了 word2vec 功能，能够将单词转化为词向量。

用户可以使用 pip 命令安装 gensim 库，方法比较简单。以管理员的身份运行"命令提示符"窗口，执行 pip 安装命令即可：

```
pip install gensim
```

4. wordcloud 库

wordcloud 库的主要功能是生成词云图。词云图可以更加直观和艺术化地展示文本。

用户可以使用 pip 命令安装 wordcloud 库，方法比较简单。以管理员的身份运行"命令提示符"窗口，执行 pip 安装命令即可：

```
pip install wordcloud
```

19.3　具体功能实现

本案例包含 10 个文本文件，即 1.txt~10.txt、停用词列表 stopwords.txt 及汉字字体文件 simsun.ttc。其中，10 个文本文件（1.txt ~10.txt）中包括将要分析的文本。

本案例只有一个程序文件 LDA.py，其包含的函数功能如下：

（1）SentenceSegmentation() 函数：该函数的主要功能是给定一段文本，将文本按照句号、问号、感叹号、换行符进行分割，得到一个由分割后的句子组成的数组。

（2）LoadStopWords() 函数：该函数的主要功能是载入停用词文件，得到一个停用词的集合。

（3）WordSegmentation() 函数：该函数的主要功能是利用 jieba 分词工具进行词分割，同时过滤掉文本中的停用词，得到一个由处理过的词组成的数组。

（4）GenDocument() 函数：该函数的主要功能是读入给定的文档，将文本进行预处理，同时去除文本中的停用词，得到一个由处理过的词组成的文档。

（5）TopicModeling() 函数：该函数的主要功能是将读入的文本利用话题模型 LDA 进行处理，得出每个话题及每个话题中对应的概率最高的词。

（6）GenWordCloud() 函数：该函数的主要功能是利用词云工具 wordcloud 为每个话题生成词云。

（7）main() 函数：该函数定义了本程序的运行流程及逻辑顺序。

LDA.py 文件的代码如下：

```python
#! /usr/bin/env python3
# -*- coding: utf-8 -*-

import re
import jieba
import gensim
from gensim import corpora, models
from wordcloud import WordCloud
import matplotlib.pyplot as plt

def SentenceSegmentation(text):
    """
    给定一段文本，将文本分割成若干句子
    这里简单使用句号、问号、感叹号及换行符进行分割
```

```python
    """
    sentences = re.split(u'[\n。？！]', text)
    sentences = [sent for sent in sentences if len(sent) > 0]  # 去除只包含\n
或空白符的句子
    return sentences

def LoadStopWords(stopfile):
    """
    载入停用词文件
    """
    stop_words = set()  # 保存停用词集合
    fin = open(stopfile, 'r', encoding='utf-8', errors='ignore')
    for word in fin.readlines():
        stop_words.add(word.strip())
    fin.close()
    return stop_words


def WordSegmentation(text, stop_words):
    """
    利用 jieba 分词工具进行词分割
    同时过滤掉文本中的停用词
    """
    jieba_list = jieba.cut(text)
    word_list = []
    for word in jieba_list:
        if word not in stop_words:
            word_list.append(word)
    return word_list

def GenDocument(filename):
    """
    读入给定的文档，将文本进行预处理
    去除停用词
    """
    document = []
    fin = open(filename, 'r', encoding='utf-8', errors='ignore')
    sentences = []
    for line in fin.readlines():
        sentences.append(line.strip())
    fin.close()

    stop_words = LoadStopWords('stopwords.txt')

    for sent in sentences:
        results = jieba.cut(sent.strip())
```

```
            for item in results:
                if (not item in stop_words) and (not len(item.strip()) == 0):
                    document.append(item)
        return document

    def TopicModeling(n):
        """
        将读入的文本利用话题模型 LDA 进行处理
        得出每个话题及每个话题中对应的概率最高的词
        """
        texts = []
        for i in range(10):
            doc = GenDocument(str(i + 1) + '.txt')
            texts.append(doc)

        #利用 gensim 将载入的文本文件构造成词-词频 (term-frequency) 矩阵
        dictionary = corpora.Dictionary(texts)
        corpus = [dictionary.doc2bow(text) for text in texts]
        #将词-词频矩阵作为输入,利用 LDA 进行话题分析
        lda = gensim.models.ldamodel.LdaModel(corpus, num_topics=n, id2word =
dictionary, passes=20)

        topics = []
        for tid in range(n):
            wordDict = {}
            #选出每个话题中具有代表性的前 15 个词
            topicterms = lda.show_topic(tid, topn=15)
            for item in topicterms:
                (w, p) = item
                #由于 LDA 保留的每个词属于该话题的概率值 p
                #该概率值本身较小,因此这里为了方便可视化,将概率 p 进一步放大
                wordDict[w] = (p*100)**2
            topics.append(wordDict)
        return topics

    def GenWordCloud(wordDict):
        """
        利用词云工具 WordCloud 为每个话题生成词云
        """
        #由于原始 WordCloud 不支持中文,这里需要载入中文字体文件 simsun.ttc
        cloud = WordCloud(font_path='simsun.ttc', background_color='white',
max_words=300, max_font_size=40, random_state=42)
        wordcloud = cloud.generate_from_frequencies(wordDict)
        plt.figure()
        plt.imshow(wordcloud, interpolation="bilinear")
        plt.axis("off")
```

```
    plt.show()

def main():
    #设置话题数目为3
    numOfTopics = 3
    topics = TopicModeling(numOfTopics)
    for i in range(numOfTopics):
        GenWordCloud(topics[i])

main()
```

在编辑器中写好以上模块内容后保存。下面将测试话题模型和词云可视化程序。

19.4 项目测试

由于本案例设置的话题数目为 3 个，因此运行 LDA.py 文件后，即可得到 3 幅词云图片，如图 19-3~图 19-5 所示。

图 19-3 第一个话题的词云图

图 19-4 第二个话题的词云图

图 19-5 第三个话题的词云图